儿童动物造型帽

日本美创出版 编著　何凝一 译

河北科学技术出版社

CONTENTS

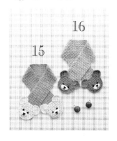
* 关于本书作品的尺寸

本书中的作品均是按照右侧尺寸表制作而成（并不是说按照此尺寸钩织作品，而是参照此表中的身高、头围钩织适合的尺寸）。根据不同的设计（材质、织片等），松紧度会有差异。可按个人喜好选择松一点或紧一点的设计。

* 参考尺寸表

	1岁	2岁	3岁	4岁
身 高	75～85cm	85～95cm	95～105cm	
头 围	46～48cm		49～51cm	

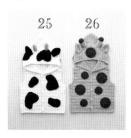

🌸 长颈鹿针织帽

钩织方法……p46

设计和制作……今村曜子

男孩女孩都适用的长颈鹿针织帽。戴上如此可爱的帽
子，外出时，不想引人关注都不行呢。

2

🌸 大象护耳针织帽

钩织方法……p48
设计和制作……藤田智子

带护耳的针织帽，寒冷的日子也能温暖头部。
大象款针织帽的大耳朵相当惹眼。

1～2岁

✿ 小兔子斗篷和松鼠斗篷

钩织方法……p50
设计和制作……松本熏

斗篷的形象设计取自森林中最受欢迎的小兔子和松鼠。
好想披着这样的斗篷，去公园野餐啊……

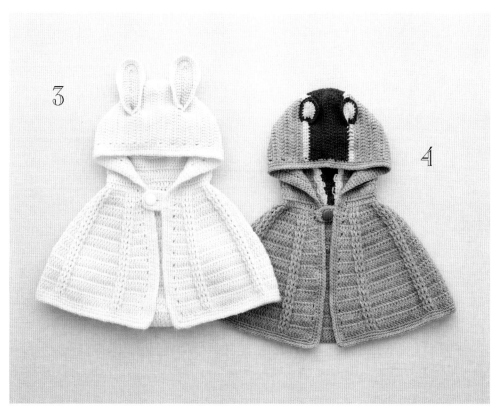

松鼠斗篷的兜帽是条纹花样,小兔
子斗篷加入了小尾巴,背后的样子
超级可爱。

1~2岁

3

4

5

6

1～2岁

✿ 火烈鸟和天鹅拼接领围巾

钩织方法……p56

设计和制作……松本熏

像有火烈鸟和天鹅缠在脖子上一样的个性围巾。根据
拼接方法既可做拼接领，又可以做围巾。让搭配更加
丰富有趣。

搭在肩上，轻轻扣起，拼接领
风格时尚可爱，无疑是大家眼
中的焦点。

小兔子背心和青蛙背心

钩织方法……p53
设计……Kawaji Yumiko　制作……植田寿寿

长长的耳朵和圆圆的眼睛相当惹眼，两款背心下摆处
的方格花样是设计的亮点。

7

8

3～4岁

好朋友间的悄悄话……
他们在说什么呢?

9

3～4岁

10

🌸 老虎针织帽和手套

钩织方法……p58

设计和制作……今村曜子

把威风凛凛的老虎织成针织帽和手套后竟
然也如此可爱。手套上还有可爱的肉垫。

蓬松的耳朵增添了几分
可爱。简单的条纹花样，
钩织起来非常轻松。

❀ 恐龙和斑马护耳针织帽

钩织方法……p60
设计和制作……藤田智子

所有男孩都喜欢的恐龙针织帽。
装扮成恐龙，一起快乐地玩耍吧！

11
3～4岁

斑马针织帽的
黑白条纹花样非常时尚,
直立的耳朵逼真可爱。

密密的鬃毛,
从侧面看也相当帅气!

13

4岁

14

2岁

🌸 小熊背心和熊猫背心

钩织方法……p62
设计和制作……镰田惠美子

低调可爱的小熊与动物园的大明星——熊猫样式的背心。衣身用枣形针钩织,蓬松又温暖。通过编织线粗细和钩针号数的变化,织出适合4岁和2岁儿童穿着的尺寸。

和好朋友的下午茶时间，该吃哪一块蛋糕呢？好难选呀！
尾巴是大大的绒球，非常可爱。

🌸 小熊围巾

钩织方法……p65
设计……河合真弓　制作……栗原由美
围巾是外出时的必需品，添加大家都喜欢的小熊图案。
日常穿搭的不二之选！

17

18

1~2岁

🌸 雏鸡针织帽和母鸡针织帽

钩织方法……p66

设计和制作……松本熏

母鸡针织帽的帽檐轻柔、样子可爱,雏鸡针织帽的翅
膀非常小巧。无论哪一款都是让人爱不释手的单品。

帽顶的绒毛是亮点。省去荷叶边的设计后给人清新的印象。

荷叶边帽檐让可爱度倍增。

19

20

3～4岁

🌸 山羊针织帽和手套

钩织方法……p68

设计和制作……今村曜子

犄角是山羊的最大特征，再钩织一副与针织帽同款的
手套吧。外出时戴上这一套，充满趣味！

可爱的山羊来送信啦！看上去
信件好像要被山羊吃掉一样。

❀ 大象背心和小猪背心

钩织方法……p72

设计和制作……镰田惠美子

大象的大耳朵和小猪的鼻子都格外引人注目，可让兄
妹、朋友一起穿着的同款背心。

从背后看兜帽也是可爱满分！
别忘了晃晃悠悠的尾巴哦。

1～2岁

❀ 企鹅针织帽和鳄鱼针织帽

钩织方法……p70
设计和制作……藤田智子

企鹅针织帽的大嘴巴相当抢眼，看一眼就忍不住让人
露出笑容。护耳的设计，应对寒风完全没问题！

23

1～2岁

鳄鱼针织帽的牙齿透露着霸气。戴上之后，
会不会也有几分鳄鱼的气势？！

24

后面的锯齿形花样非常野性。

🌸 奶牛背心和长颈鹿背心

钩织方法……p75

设计……河合真弓　制作……关谷幸子

戴上帽子，瞬间变身为奶牛。
衣身还有奶牛的花斑，
从任何一个角度看都可爱无比。

25

26

用嵌花图案表现斑纹，与真实的奶牛和
长颈鹿一模一样。直立的犄角和耳朵萌
态十足。

1～2岁

✿ 白猫斗篷和黑猫斗篷

钩织方法……p79

设计和制作……川路由美子

适合正式外出时穿着的白猫和黑猫斗篷。
下摆处加入柔软的绒毛，一只造型时尚的
小猫就完成了。

白猫斗篷的纽扣是兼具装饰作用的绒毛球，而黑猫斗篷则是用装饰绳带系成蝴蝶结。两个小猫斗篷的尾巴分别是红色和淡蓝色的蝴蝶结，从任何角度看都是完美漂亮的小公主！

27

28

3～4岁

🌸 小兔子连帽围巾

钩织方法……p82

设计……川路由美子　制作……白川薫

柔软的线圈让人倍感舒适，针织帽与围巾合二为一。

马上变身蹦蹦跳跳的小白兔。

可以完全包裹住颈部，有这一件单品便可
温暖地过冬。垂下来的耳朵也十分可爱。

31

32

3~4岁

🍀 绵羊针织帽和手套

钩织方法……p84

设计和制作……藤田智子

柔软的织片让人爱不释手，针织帽和手套组成的绵羊
套装。其实都是用锁针和短针钩织而成，非常简单。

戴上后立马变身可爱的小绵羊!
手套带有线绳,不必担心弄丢。

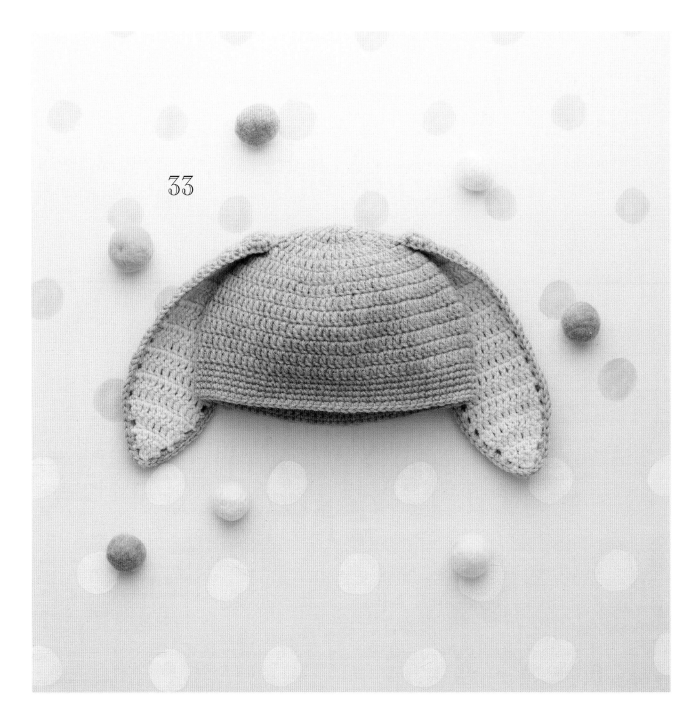

33

✿ 小兔子垂耳帽和小狗垂耳帽

钩织方法……p86

设计和制作……Oka Mariko

胖乎乎的宝宝最适合垂耳帽。

耷拉的耳朵可爱极了。

34

钩织方法简单、造型可爱的动物帽，无论是织给自家的宝宝，还是送给亲朋好友的宝宝，都是不错的选择。

1~2岁

🌸 小毛驴斗篷和熊猫斗篷

钩织方法……p88
设计……河合真弓　制作……远藤阳子

穿着方便的斗篷，再也不用担心严冬。
简直就是去公园游玩和外出野餐的不二选择！

35

36

1～2岁

小毛驴头上的浓密鬃毛极具个性。
让宝宝变得帅气又可爱！

基础课程

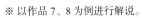

—— = 原线 —— = 配色线

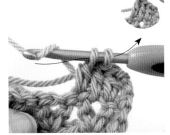

嵌入花样的钩织方法

※ 以作品 7、8 为例进行解说。

※ 短针的嵌入花样也用同样的要领钩织。

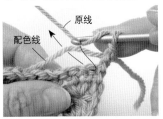

配色线　原线

1　用原线钩织立起的锁针，然后针上挂线，将钩针插入配色线中。

2　织入长针，包住配色线。

3　钩织 1 针长针，包住配色线后如图所示。继续钩织 1 针长针。

4　在第 3 针进行最后的引拔钩织时换上配色线，引拔钩织。完成引拔钩织替换配色后的状态（右上图）。

配色线　原线

5　接着用配色线钩织长针，包住原线。

6　用配色线钩织 1 针长针，包住原线后如图所示。继续织入 1 针长针。

7　在第 3 针进行最后的引拔钩织时换上配色线，引拔钩织（左图）。完成引拔钩织替换配色后的状态（右图）。

8　重复步骤 2 ~ 7，继续钩织。

线圈的钩织方法（用手指钩织）

※ 编织线挂到食指和中指上，继续钩织。线圈的大小多少会因编织者的手指粗细而异。

1　钩针插入针脚中，编织线挂在中指上。

2　编织线从中指上方穿过，挂到钩针上，按照箭头所示引拔抽出线。

3　再次挂线，一次性引拔抽出。

4　钩织完 1 个线圈后如图所示。编织线挂在手指上，按照短针的要领继续钩织。

线圈的钩织方法（用厚纸钩织）

※ 用厚纸代替手指，钩织出大小一致的线圈。

5　从手指上滑脱编织线后如图所示（上图）。织片反面形成线圈（下图）。

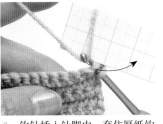

1　钩针插入针脚中，套住厚纸钩织，挂线后按照箭头所示引拔钩织。

2　再次挂线，一次性引拔抽出线。钩织完 1 个线圈后如图所示。

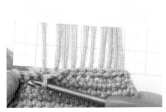

3　编织线挂在厚纸上，织入几针后抽出厚纸。

❀ 从衣身挑针钩织兜帽（从针脚挑针的方法）

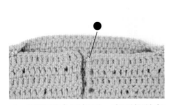
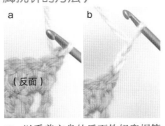

1 两肩缝合后如图。在下摆处起针向上钩织的作品是从衣身的针脚处挑针，然后钩织兜帽。

2 以看着衣身的反面钩织兜帽第1行的情况为例进行说明。将钩针插入左前端（步骤1的●印记处）的反面，抽出线。钩织兜帽的线接入后如图（a）。织入3针立起的锁针（b）。

3 挑针至肩线（a），接着再在后身片、右身片领口织入1行，完成后如图（b）。

4 钩织完3行兜帽后如图所示。继续钩织兜帽的形状。

❀ 从衣身挑针钩织兜帽（从行间挑针的方法）

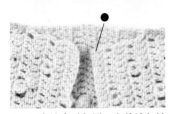
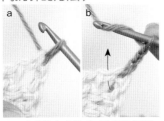

1 两肩缝合后如图。在前端起针向上钩织的作品是从衣身的行间挑针，然后钩织兜帽。

2 以看着衣身的反面钩织兜帽第1行的情况为例进行说明。将钩针插入左前端（步骤1的●印记处）的反面，抽出线。钩织兜帽的线接入后如图（a）。织入3针立起的锁针（b）。

3 将顶端的针脚全部挑起（参照步骤2-b的箭头所示），织入1针长针。

4 将行间长针的头针（参照步骤3的箭头所示）分开，织入1针长针。

5 将上一行长针的尾针全部挑起，织入2针长针。

6 从上一行的头针针脚处挑1针、长针的尾针处挑2针，如此交替挑针钩织至肩线。然后在右肩的订缝处织入1针长针（右上图片）。

7 与左前身片一样，从上一行的头针针脚处挑1针、长针的尾针处挑2针，如此交替挑针钩织至肩线，然后从后面领口处挑针。

8 继续从左肩的订缝处挑1针（按照步骤6的方法钩织）、从右前领口处挑针，钩织完1行后如图。

❀ 护耳的拼接方法（线束的拼接方法）　※以作品2为例进行解说

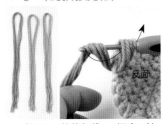

1 长80cm的钩织线，4根为1针，准备3组（左图）。从织片的反面插入钩针，将对折过的线束挂到钩针上，引拔抽出。最后将线头挂到钩针上，引拔钩织（右图）。

2 按照步骤1，在拼接装饰绳带的3个针脚处分别拼接1组线束。护耳的3组线束拼接完成后如图。

❀ 护耳的拼接方法（麻花辫的编法）

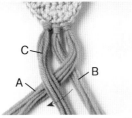
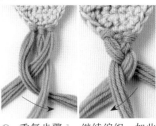

1 首先将A线（粉色）放到B线（黄色）上，重叠交叉。然后将C线（蓝色）放到A线（粉色）上，重叠交叉。接着，将B线（黄色）重叠到C线（蓝色）上，交叉。

2 重复步骤1，继续编织。如此将两端的钩织线左右交叉放到中央编织线上方，重叠，继续编织。

■ **手套大拇指的钩织方法**　※以作品 32 为例进行解说。

● 钩织大拇指穿入口

3 步骤 1、2 中，为了更好地说明钩织线的走向，处理时都比较松散，但实际制作时请按图片所示调整钩织线的松紧程度，保持一致。之后继续钩织。

4 最后将 3 组线头结成束，按照箭头所示打固定结（左图），线头修剪整齐，完成（右图）。

1 钩织指定针数的锁针，留出大拇指的穿入口。将锁针的半针挑起后钩织下一行。

2 将锁针的半针挑起钩织后如图所示。参照编织图，继续钩织主体。

● 钩织大拇指

3 钩织完主体后再钩织大拇指。将钩针插入指定的针脚中（作品 32 为短针的尾针），抽出线。

4 在 1 针锁针中接入编织线，完成后如图所示。

5 参照钩织图继续钩织。

6 作品 22 将钩针插入顶端短针的尾针中，织入 1 针。按照箭头所示插入钩针。

7 织入 1 针短针。

8 在顶端短针的尾针中织入 1 针后如图所示。

9 主体上下颠倒拿好，将剩余的半针挑起后继续钩织。

10 钩织完 1 行后在第 1 针中引拔钩织，形成圆环（织片的上下面恢复到原样后如图所示）。

❀ 重点教程

作品 3、4　图片…p6　钩织方法…p50

■ **长针拉针花样的钩织方法**
※看着反面钩织第 2 行，因此 ∫（长针正拉针）处是织入 ∫（长针反拉针）。

11 参照编织图，继续钩织。

1 继续钩织至需要进行花样钩织的位置，在针上挂线。

2 沿步骤 1 的箭头插入钩针，在针尖挂线。参照钩织图，继续织入 3 针长针反拉针。

3 从正面看如图，长针正拉针的花样钩织完成。

4 图片…p6　钩织方法…p50

🌸 兜帽花样的钩织方法（纵向渡线的方法）

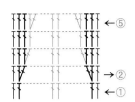

・第1行

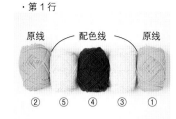

1 根据图案的颜色数，准备好线团。

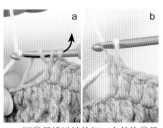

2 用①号线继续钩织，在替换③号配色线之前的针脚织入未完成的长针（参照p93）。原线挂到钩针上，再将③号配色线挂到针尖（a），引拔抽出（b）。编织线替换成③号配色线后如图。

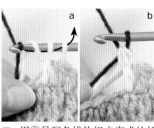

3 用③号配色线钩织未完成的长针，线挂在钩针上，暂时停止。然后将④号配色线挂到针尖（b），引拔抽出（b），编织线替换成④号配色线后如图。

4 接着，再用④号配色线钩织2针，参照步骤2、3，接入⑤号配色线，织入1针长针，然后接入②号原线，钩织至顶端。

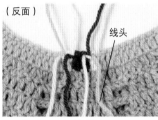

（反面）　线头

5 从反面看如图所示。

・第2行

6 用②号原线继续钩织至需要织入花样的位置，在替换⑤号配色线之前的针脚织入未完成的长针，线头挂在钩针上，暂时停止。拉起⑤号配色线，挂到钩针上。

7 引拔抽出⑤号配色线，将编织线换成⑤号配色线。

8 用⑤号配色线钩织1针长针、1针未完成的长针，再将⑤号配色线挂到针上，暂时停止。拉起④号配色线，挂到针尖。

9 引拔抽出针尖的④号配色线，将编织线换成④号配色线后织入1针长针、1针未完成的长针，再将④号配色线挂到针上，暂时停止。拉起③号配色线，挂到针尖，引拔抽出。

・第2行钩织完成

（正面）

10 参照步骤6、7，拉起编织线进行替换，用③号配色线钩织2针。然后换成①号原线，钩织至顶端。

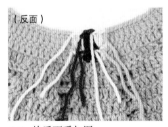

（反面）

11 从反面看如图。

作品 5、6　图片…p8　钩织方法…p56

🌸 圆球纽扣的制作方法

・第5行钩织完成

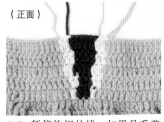

（正面）

12 暂停钩织的线，如果是看着织片正面所钩织的那几行，就拉到外侧挂线（参照步骤2）；如果是看着织片反面钩织的那几行就拉到内侧挂线（参照步骤6），引拔抽出配色线，替换编织线后继续钩织。

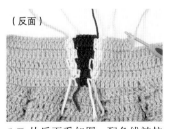

（反面）

13 从反面看如图。配色线被拉到下一行。

1 在钩织前预留出35cm长的线头，钩3行短针，将线头塞好。

2 将第3行头针的锁针外侧半针挑起收紧（参照p95圆球的拼接方法）。编织线穿到织片中，缝好固定。

3 从下往上紧紧缠几圈。

4 再从上往下缠线，线头藏到织片中，处理好。

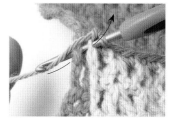

作品 15、16 图片…p18 钩织方法…p65

❁ 用短针钩织拼接

1 准备好主体与口袋部分的织片，先钩织口袋开口侧的花边。

主体　　　口袋

2 主体与口袋部分重叠，钩针同时插入两块织片中，钩织短针。

3 用1针短针钩织拼接后如图。

4 参照图，将钩针同时插入两块织片中，继续钩织短针。

作品 24 图片…p27 钩织方法…p70

❁ 背的钩织方法

第4行

1 将外侧的半针挑起钩织第4行。

2 第4行钩织完成后如图。

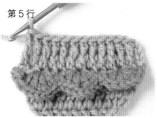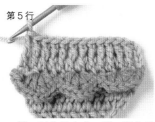

第5行

3 钩织第5行时，将第3行剩余的半针挑起后织入长长针。

第5行

4 第5行钩织完成。第4行出现在内侧，呈立体状。按照同样的要领继续钩织。偶数行的花样（深绿色部分）将反面的针脚用作正面。

作品 26 图片…p28 钩织方法…p75

❁ 犄角的拼接方法

1 在犄角中塞入填充棉，调整形状，然后用绷针暂时固定到兜帽上。缝纫线藏到兜帽的织片中。

2 用卷缝的方法将犄角的最终行缝到兜帽上。

3 终点处藏到订缝针脚中，剪断线头。

作品 35 图片…p38 钩织方法…p88

❁ 鬃毛的拼接方法

1 取5根长12cm的编织线，将拼接流苏位置的长针尾针成束挑起后拼接流苏（流苏的拼接方法参照p41护耳最后的钩织方法）。

2 在2列针脚中拼接完流苏后如图。

3 继续拼接流苏，注意整体对称。

本书用线的介绍（图片为实物大）

·奥林巴斯制线（株式会社）

1
2

·Daidoh Forward（株式会社）Puppy 事业部

3
4
5

·Diamond 毛线（株式会社）

6
7

·和麻纳卡（株式会社）

8
9
10
11

·和麻纳卡（株式会社） Richmore 事业部

12
13

·横田（株式会社）DARUMA

14
15
16
17

奥林巴斯制线（株式会社）

1 Milky Kids
羊毛60%、腈纶40% / 每卷40g / 约98m / 16色钩针5/0~6/0号

2 Tree House Leaves
羊毛80%（美利奴）、羊驼毛20%（幼年羊驼毛） / 每卷40g / 约72m / 13色 / 钩针7/0~8/0号

Daidoh Forward（株式会社）Puppy事业部

3 Princess Anny
羊毛100%（防缩加工）/ 每卷40g / 112m / 35色 / 钩针5/0~7/0号

4 Queen Anny
羊毛100% / 每卷50g / 97m / 55色 / 钩针6/0~8/0号

5 Mini Sport
羊毛100% / 每卷50g / 72m / 28色 / 钩针8/0~10/0号

Diamond 毛线（株式会社）

6 Tasmanian Merino
羊毛100%（塔斯马尼亚美利奴）/ 每卷40g / 约120m / 30色 / 钩针4/0~5/0号

7 Diaepoca
羊毛100%（美利奴）/ 每卷40g / 约81m / 40色 / 钩针5/0~6/0号

和麻纳卡（株式会社）

8 Fourply
腈纶65%、羊毛35%（美利奴）/ 每卷50g / 约205m / 19色 / 钩针3/0号

9 Amerry
羊毛70%（新西兰美利奴）/腈纶30% / 每卷40g / 约110m / 50色 / 钩针5/0~6/0号

10 Sonomono Alpaca Wool（普通粗线）
羊毛60%、羊驼毛40% / 每卷40g / 约92m / 5色 / 钩针6/0号

11 Alan Tweed
羊毛90%、羊驼毛10% / 每卷40g / 约82m / 15色 / 钩针8/0号

和麻纳卡（株式会社） Richmore事业部

12 Percent
毛100% / 40g / 约120m / 100色 / 钩针5/0~6/0号

13 Spectre Modem
毛100% / 40g / 约80m / 50色 / 钩针10/0号（2股线）

横田（株式会社）DARUMA

14 Soft Lambs
腈纶60%、羊毛40%（羔羊毛）/ 每卷30g / 103m / 32色 / 钩针5/0~6/0号

15 Merino Style 普通粗线
羊毛100%（美利奴）/ 每卷40g / 88m / 19色钩针6/0~7/0号

16 Soft Tam
腈纶54%、尼龙31%、羊毛15% / 每卷30g / 58m / 15色 / 钩针8/0~9/0号

17 Mink Touch Fur
白色（1）…腈纶线（改性腈纶）60%、腈纶35%、涤纶5% /
茶、黑色（2、3）…腈纶线（改性腈纶）95%、涤纶5% / 约15m / 3色 / 钩针8~10mm

* 左起表示品质→规格→线长→颜色数→适合针。

* 颜色数为 2018 年 10 月的色数。

* 印刷物存在少量色差。

准备材料

[线]奥林巴斯

Milky Kids/黄色（53）…100g、茶色（60）…25g

[其他材料]填充棉…适量

[针]钩针8/0号

[标准织片（边长10cm的正方形）]短针13.5针、17行

[成品尺寸]头围48cm、深16cm

钩织方法 ※均用2股线钩织

1 钩织整体：钩织圆环起针，用短针进行加针的同时钩织28行。

2 钩织耳朵：钩织圆环起针，用短针进行加针的同时钩织13行。制作褶皱，拼接到耳朵的底侧，缝好。

3 钩织犄角：进行圆环起针，用短针加减针的同时钩织13行。填充棉先塞入织片中，参照"犄角的拼接方法"，进行整理拼接。

4 钩织条纹：钩织圆环起针，再用短针织入4行。

5 拼接：将耳朵的♥侧、犄角的♡侧缝到主体。花样缝到前侧，注意整体对称。

犄角 2块

第1~7行=茶色的2股线

第8~13行=黄色的2股线

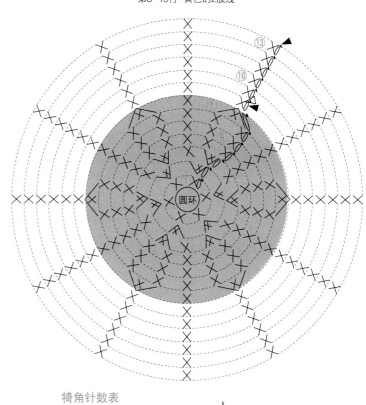

耳朵 2块

黄色（2股线）

耳朵针数表

行数	针数	加针数
6~13	18	
5	18	+6
4	12	
3	12	+6
2	6	
1	6	

耳朵的拼接方法

8.5 cm

8cm

折出褶皱，缝好

犄角针数表

	行数	针数	加针数
黄色	8~13	12	
	7	12	—6
茶色	4~6	18	
	3	18	+6
	2	12	+6
	1	6	

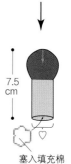

7.5 cm

塞入填充棉

花样 3块

茶色（2股线）

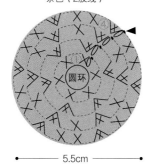

花样针数表

行数	针数	加针数
4	24	+6
3	18	+6
2	12	+6
1	6	

5.5cm

主体

（短针）

16cm（28行）

48cm（66针）

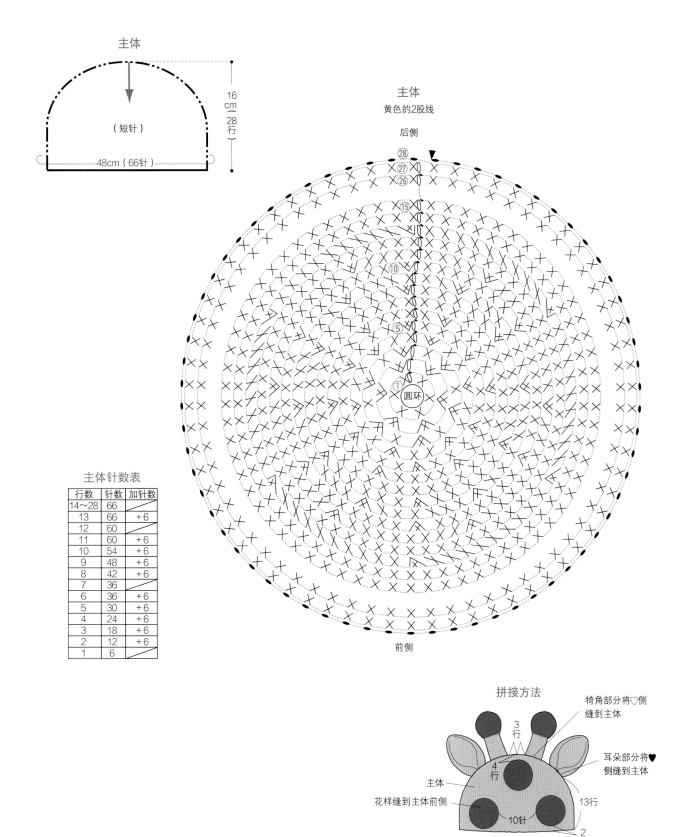

主体
黄色的2股线

后侧

㉘
㉗
㉖
⑮
⑩
⑤
①圆环

前侧

主体针数表

行数	针数	加针数
14～28	66	
13	66	+6
12	60	
11	60	+6
10	54	+6
9	48	+6
8	42	+6
7	36	
6	36	+6
5	30	+6
4	24	+6
3	18	+6
2	12	+6
1	6	

拼接方法

犄角部分将♡侧缝到主体

3行

耳朵部分将♥侧缝到主体

4行

主体

花样缝到主体前侧

13行

10针

2行

准备材料

[线] 和麻纳卡

Alan Tweed/ 灰色（3）…75g、粉色（5）…3g,

Fourply/ 浅灰色（352）…14g

[标准织片（边长 10cm 的正方形）] 短针 10 针、11.5 行

[针] 钩针 7/0 号、10/0 号

[成品尺寸] 头围 48cm、深 14cm

钩织方法

1 钩织主体：钩织圆环起针，加针至第 8 行，然后无加减针钩织第 9~16 行（用 2 股线钩织）。

2 钩织护耳：在主体第 16 行的指定位置接入新线，在左右分别钩织护耳。接入新线，在左右护耳周围分别钩织 1 行花边（护耳和花边均用 2 股线钩织）。

3 钩织绳带饰品：4 根长 80cm 的编织线为 1 组，各准备 3 组（一只耳朵 3 组，左右共 6 组）。在护耳花边拼接绳带装饰位置的 1 针短针中，按要领（参照 p41）分别拼接 1 组流苏。拼接好的线束编织成麻花瓣（参照 p41），用作左右的护耳。

4 钩织耳朵：右前耳、左后耳参照耳朵 A 的编织图用指定的配色钩织，右后耳、右后耳参照耳朵 B 的编织图，用指定的配色钩织。右前后耳、左前后耳分别正面朝外相对合拢，最终行钩织一圈后卷针订缝（参照 p95）。

5 拼接完成：将耳朵的 ☆ 印记部分缝到主体。

耳朵 A 7/0 号

右前耳 ——=粉色 =灰色 1股线 1块

左后耳 —— ·——=灰色 1股线 1块

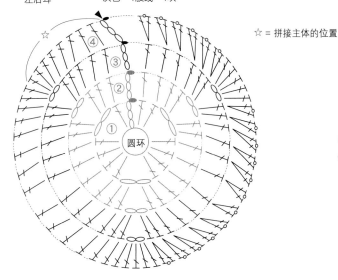

耳朵 B 7/0 号

右后耳 —— ·——=灰色 1股线 1块

左前耳 ——=粉色 ——=灰色 1股线 1块

☆ = 拼接主体的位置

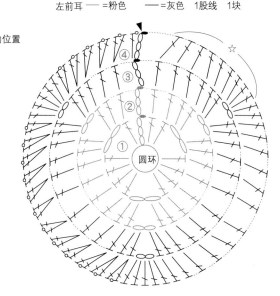

耳朵的拼接方法

※右前后耳、左前后耳分别正面朝外相对拼接，最终行钩织一圈，卷针订缝（参照p95）。

拼接方法

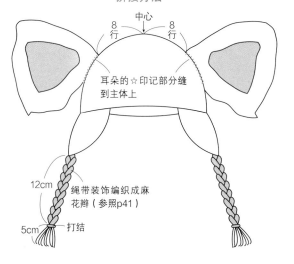

8 行 中心 8 行

耳朵的 ☆ 印记部分缝到主体上

12cm 绳带装饰编织成麻花瓣（参照 p41）

5cm 打结

主体、护耳、花边

灰色&浅灰色的2股线　10/0号

● =拼接绳带装饰的位置

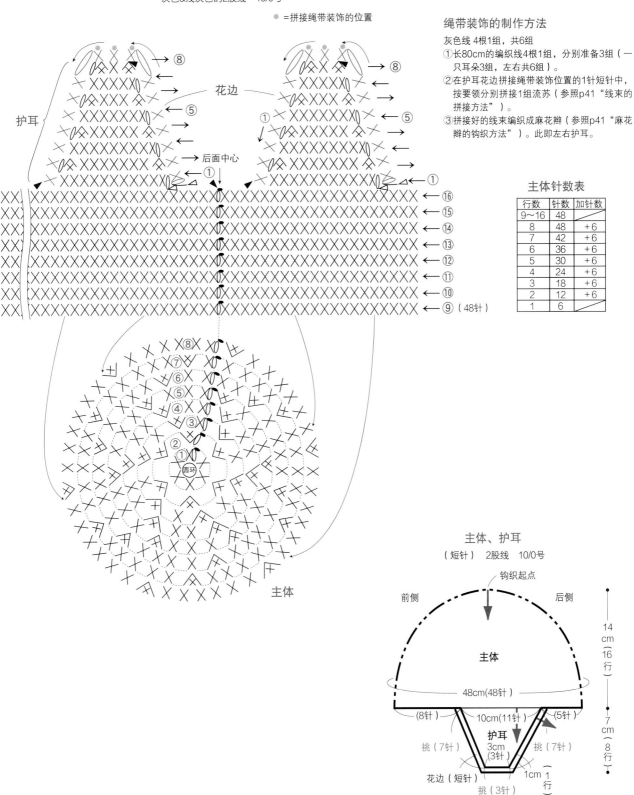

绳带装饰的制作方法

灰色线 4根1组，共6组

①长80cm的编织线4根1组，分别准备3组（一只耳朵3组，左右共6组）。

②在护耳花边拼接绳带装饰位置的1针短针中，按要领分别拼接1组流苏（参照p41"线束的拼接方法"）。

③拼接好的线束编织成麻花瓣（参照p41"麻花瓣的钩织方法"）。此即左右护耳。

护耳

花边

→ 后面中心

主体针数表

行数	针数	加针数
9～16	48	
8	48	+6
7	42	+6
6	36	+6
5	30	+6
4	24	+6
3	18	+6
2	12	+6
1	6	

圆环

主体

主体、护耳

（短针）　2股线　10/0号

钩织起点

前侧　　　　　　　　后侧

主体

14 cm（16 行）

48cm(48针)

（8针）　10cm(11针)　（5针）

挑（7针）　护耳　挑（7针）
3cm
（3针）

花边（短针）　1cm（1 行）

挑（3针）

7 cm（8 行）

准备材料

[线] DARUMA

作品 3 Merino Style 普通粗线 / 本白（1）…155g、浅米褐色（2）…5g、
Soft Tam/ 本白（1）…23g

作品 4 Merino Style 普通粗线 / 米褐色（4）…155g、茶色（10）…15g、
浅米褐色（2）…5g

[其他材料] 作品 3、4 纽扣（直径 2cm）…1 颗、作品 3 填充棉…适量

[针] 作品 3 钩针 7/0 号、8/0 号　作品 4 钩针 7/0 号

[标准织片（边长 10cm 的正方形）（共通）] 花样钩织 18.5 针、9.5 行、
长针 18.5 针、9 行

[成品尺寸]

作品 3 斗篷长 24cm、颈围 34cm、下摆围 95cm、兜帽长 24.5cm

作品 4 斗篷长 23.5cm、颈围 33cm、下摆围 94cm、兜帽长 24.5cm

钩织方法顺序（除特殊说明外，作品 3、4 的钩织方法相同）

1　钩织斗篷、兜帽：先在斗篷颈围处钩织 56 针锁针进行起针，然后用花样钩织的方法在中途进行加针，钩织 21 行（参照 p42）。兜帽从斗篷的起针处挑针，用长针在兜帽中心的两侧中途进行加针、减针，钩织 22 行（参照 p43）。

2　钩织各部分：作品 3 钩织两只耳朵、尾巴、纽扣袢。作品 4 钩织两只耳朵和纽扣袢。

3　钩织花边：兜帽正面朝内对折，钩织终点处用卷缝的方法拼合（参照 p95）。在右前端下侧接入编织线，依次在右前端、兜帽脸部周围、左前端、下摆处钩织一圈花边。

4　完成：作品 3 将耳朵、尾巴、纽扣袢固定好之后，再缝上纽扣即可。作品 4 将耳朵、纽扣袢固定好之后，再缝上纽扣即可。

作品 3、4 纽扣袢

作品 3=Soft Tam（本白）　作品 4= 米褐色
钩织起点锁针（15 针）起针

3.8cm

卷缝 3 针拼合
（参照 p95）

←①
→②

4.5cm

作品 3 尾巴　浅米褐色

✕ = 短针的条针

⑦⑤③①圆环

3.5cm　3.5cm

塞入填充棉，将钩织终点处的线头穿入第 7 行的所有针脚中，缝好收紧（参照 p95 中线球的拼接方法）

作品 3 耳朵

外耳　Merino Style 普通粗线（本白）
内耳　浅米褐色　}各 2 块

花边
←①
→③
←②
→①

锁针（15 针）起针

6cm

10cm

花边

Merino Style 普通粗线（本白）
※ 将外耳、内耳正面朝合拢对齐后两块一起挑起钩织花边

作品 4 耳朵

外耳　茶色
内耳　浅米褐色　}各 2 块

3.8cm

①花边

钩织起点锁针（4 针）起针

4.5cm

花边　茶色

※ 将外耳、内耳正面朝外合拢对齐后两块一起挑起钩织花边

后侧

作品 3

耳朵
纽扣袢　}缝好

缝上纽扣

后侧

缝上尾巴

2行

作品 4

耳朵
纽扣袢　}缝好

缝上纽扣

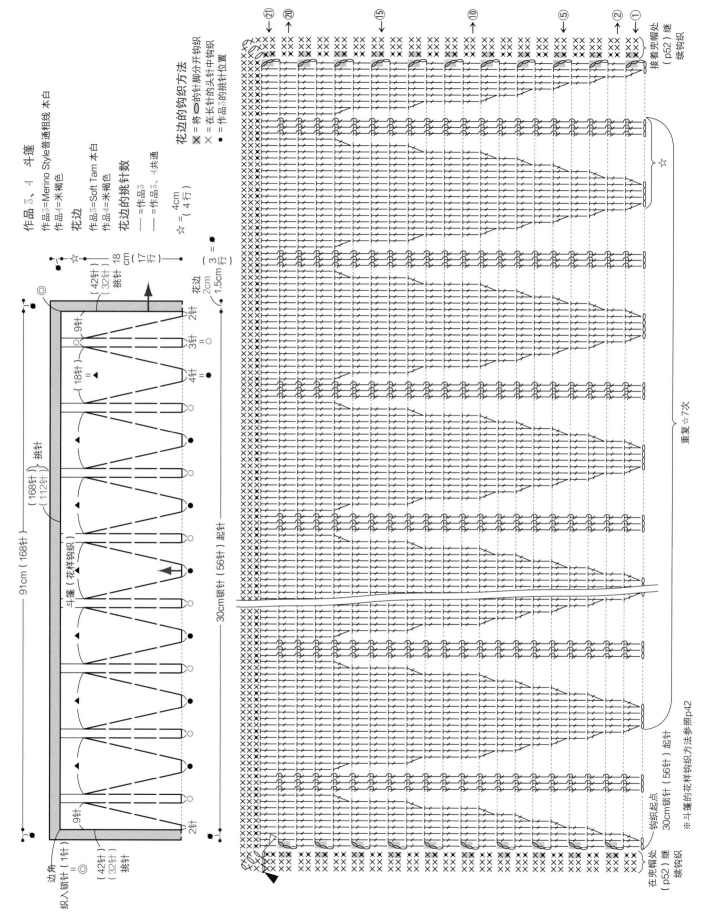

作品 ③、④ 斗篷

作品③=Merino Style普通粗线 本白
作品④=米褐色

花边
作品③=Soft Tam 本白
作品④=米褐色

花边的挑针针数
—— =作品③
— =作品③、④共通

☆=4cm（4行）

花边的钩织方法
✕ = 将 ◯ 的针脚分开钩织
✕ =在长针的头上钩中钩织
● =作品③的挑针位置

91cm（168针）

边角
织入锁针（1针）

（42针）
（32针）
挑针

（168针）
（112针）

斗篷（花样钩织）

30cm锁针（56针）起针

斗篷 花样钩织

（42针）
（32针）
挑针

（18针）

9针

18 cm（17行）

花边

2cm（3行）
1.5cm（3行）

9针
3针
4针
2针

2针

重复 ☆ 7次

钩织起点
30cm锁针（56针）起针

※斗篷的花样钩织方法参照p42

在兜帽处
（p52）继
续钩织

接着兜帽处
（p52）继
续钩织

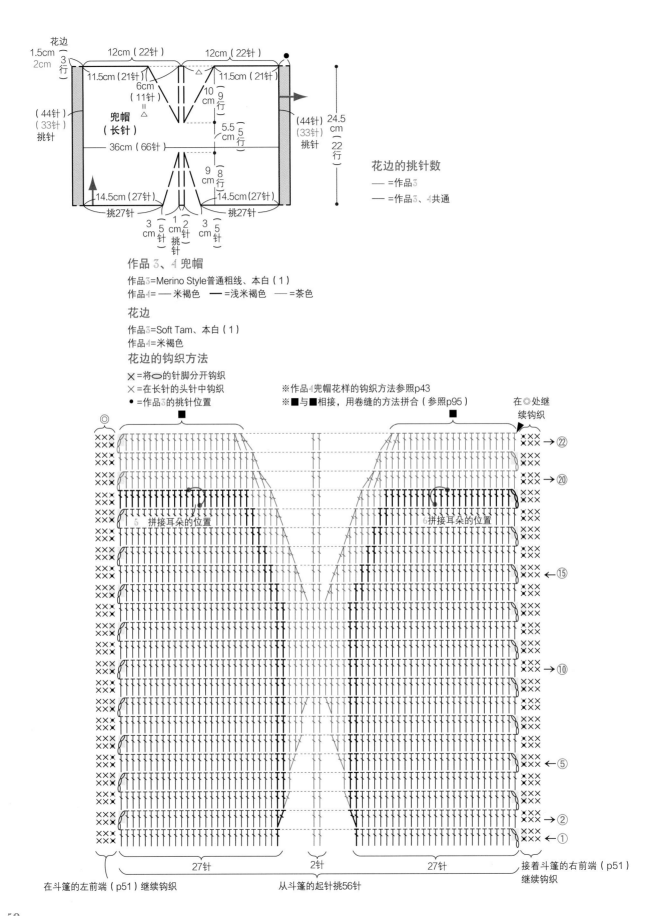

花边
1.5cm
2cm
3
行

12cm（22针）   12cm（22针）

11.5cm（21针）   11.5cm（21针）
6cm
（11针）   10cm   9行
兜帽
（长针）   5.5cm   5行

（44针）
（33针）
挑针   36cm（66针）   （44针）（33针）挑针   24.5cm   22行

14.5cm（27针）   14.5cm（27针）
挑27针   挑27针
9cm   8行
3cm   5针   1cm挑针   2针   3cm   5针

花边的挑针数
—— =作品3
—— =作品3、4共通

作品 3、4 兜帽
作品3=Merino Style普通粗线、本白（1）
作品4= —— 米褐色   —— 浅米褐色   —— 茶色

花边
作品3=Soft Tam、本白（1）
作品4=米褐色

花边的钩织方法
✕ =将⌒的针脚分开钩织
✕ =在长针的头针中钩织
• =作品3的挑针位置

※作品4兜帽花样的钩织方法参照p43
※ ■与■相接，用卷缝的方法拼合（参照p95）

在◎处继续钩织

◎

■   ■   →㉒
→⑳

5 拼接耳朵的位置   6拼接耳朵的位置

←⑮

→⑩

←⑤

→②
←①

27针   2针   27针

在斗篷的左前端（p51）继续钩织   从斗篷的起针挑56针   接着斗篷的右前端（p51）继续钩织

52

准备材料

[线] 均为 Diamond 毛线

作品 7 Diaepoca/ 浅粉色（314）…175g、粉色（321）…75g、
白色（301）…12g

作品 8 Diaepoca/ 薄荷绿色（340）…175g、橄榄绿色（364）…
70g、白色（301）…3g、黑色（360）…2g

[其他材料（共通）] 纽扣直径 15mm…各 5 颗

[针] 钩针 6/0 号

[标准织片（边长 10cm 的正方形）] 花样钩织 18 针、5 行

[成品尺寸] 胸围 72.5cm、肩背宽 28cm、衣长 34cm、兜帽
长 25cm

钩织方法（除特殊说明外，作品 7、8 的钩织方法相同）

1 钩织前后身片、兜帽：先织入 128 针锁针起针，然后继续钩织前后身片。从袖口开始分成右前身片、后身片、左前身片钩织。最终行将左前肩部与左后背部、右前肩部与右后肩部用整针缝合的方法缝合（参照 p95）。兜帽从前后领口挑针后钩织，最终行用整针卷缝的方法缝合（参照 p95）。

2 钩织花边：先在前后身片的下摆处钩织 4 行花边，然后在右前身片的前端接入新的编织线，再在右前身片的前端、兜帽的顶端、左前身片的前端继续钩织花边。钩织袖口的花边时，先在侧边边处接入编织线，再钩织成环形。

3 钩织耳朵、眼睛的各部分：作品 7 的耳朵需要钩织 2 块内耳和 2 块外耳，内耳与外耳重叠，两块一起钩织花边缝合。作品 8 需要钩织眼睛的各部分，之后按照图示方法拼接。

4 完成：作品 7 的耳朵、作品 8 的眼睛缝到兜帽上，最后缝上纽扣。

作品 7、8 主体

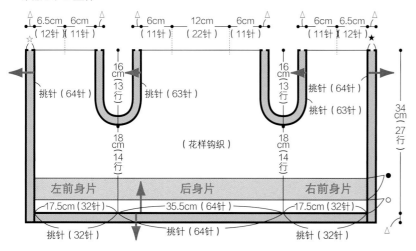

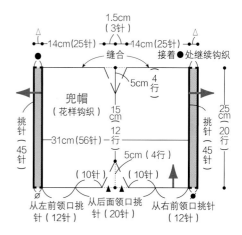

○ =花样钩织 2 行

● =长针的嵌入花样 4 行

● =接着右前端继续钩织　　▲ =（6 针）

ø =在左前端的左侧继续钩织

作品 7 耳朵

内耳（白色）
外耳（粉色）　}各 2 块

花边（粉色）

※ 内耳、外耳重叠，两块一起钩织花边

—— =内耳、外耳
—— =花边

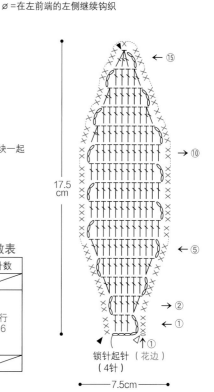

作品 8 眼睛

主体（钩织至第 11 行）2 块（橄榄绿）
瞳孔（钩织至第 3 行）2 块（黑色）
眼白（钩织至第 4 行）2 块（白色）

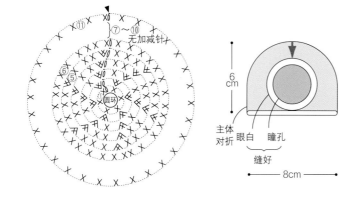

作品 8 眼睛的针数表

行数	针数	加针数
6~11	30	每行 +6
5	30	
4	24	
3	18	
2	12	
1	6	

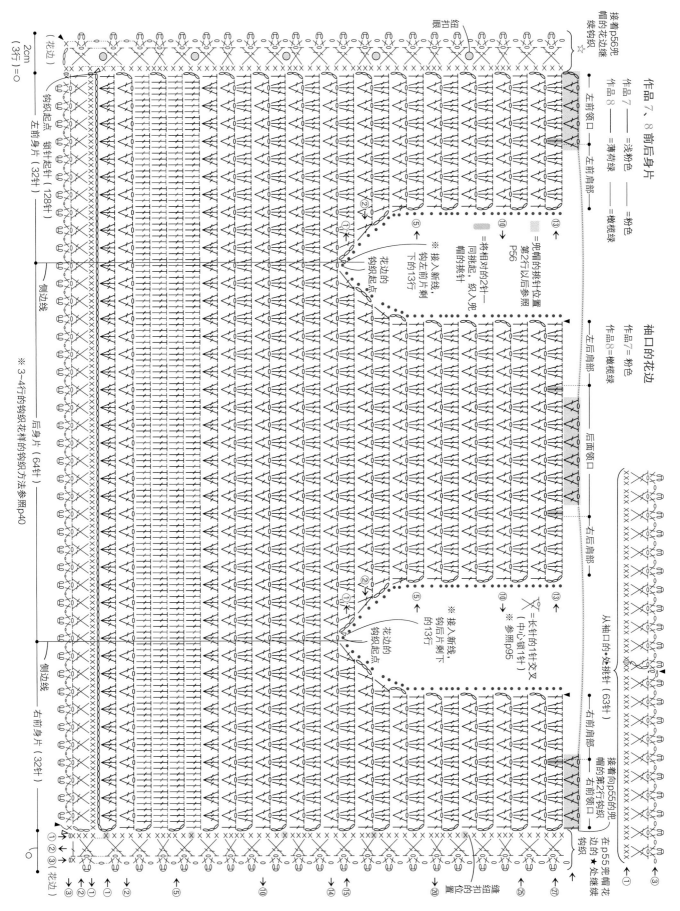

作品7、8 前后身片

作品7 ━━ =浅粉色　　━━ =粉色
作品8 ━━ =薄荷绿　　━━ =樱桃绿

袖口的花边

作品7= 粉色
作品8= 樱桃绿

作品 7　── =浅粉色　── =粉色
作品 8　── =薄荷绿　── =橄榄绿

=长针的1针交叉（中心锁1针）
※ 参照p95

用整针卷缝的方法缝合
（参照p95）

在●处继续钩织

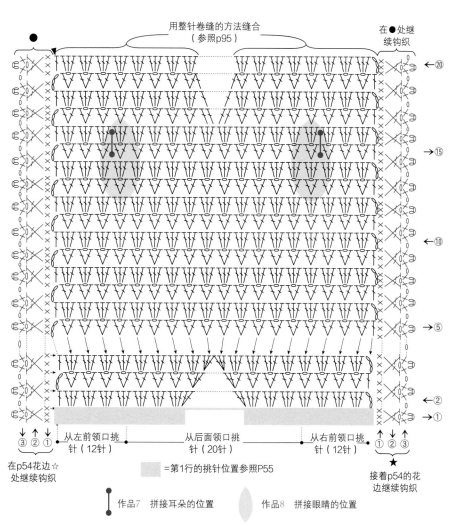

←⑳

→⑮

←⑩

→⑤

←②
→①

↓↑↓
③②①

从左前领口挑
针（12针）

从后面领口挑
针（20针）

从右前领口挑
针（12针）

↑↓↑
①②③

在p54花边☆
处继续钩织

=第1行的挑针位置参照P55

接着p54的花
边继续钩织

作品7　拼接耳朵的位置

作品8　拼接眼睛的位置

作品 7

缝耳朵

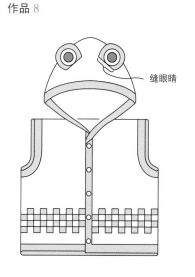

作品 8

缝眼睛

准备材料

[线] 奥林巴斯

作品 5 Milky Kids/ 深粉色（65）…35g、粉色（57）、黑色（63）…
各 1g

作品 6 Milky Kids/ 白色（51）…35g、黄色（53）、黑色（63）…
各 1g

[针] 钩针 6/0 号

[标准织片（边长 10cm 的正方形）] 短针 22.5 针、24 行

花样钩织 22.5 针、内侧 10.5 行、外侧 8 行

[成品尺寸] 宽 10cm、内侧长 52cm、外侧长 65cm

钩织方法顺序（除特殊说明外，作品 5、6 的钩织方法相同）

1　钩织头部和颈部：起针钩织头颈部的圆环，用短针进行换色，钩织 26 行形成环形。

2　钩织身体：头部与颈部的立起针脚置于后面中心，对折。两侧各留 1 针，在两块织片后侧与前侧的针脚处一起挑 8 针，用花样钩织的方法钩入 43 行。

3　钩织花边：在身体的指定位置接线，外围钩织 1 行花边。

4　完成：钩织线球纽扣，将钩织起点的同色线塞入其中，最终行缝好收紧，参照 p43 拼接到后侧。前侧用刺绣的方法绣出眼睛。利用针脚做纽扣眼。

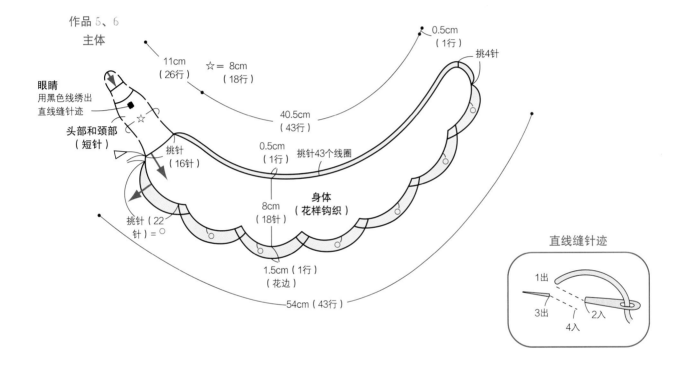

作品 5、6
主体

眼睛
用黑色线绣出
直线缝针迹

头部和颈部
（短针）

挑针
（16针）

挑针（22
针）= ○

11cm
（26行）

☆ = 8cm
（18行）

0.5cm
（1行）
挑4针

40.5cm
（43行）

0.5cm
（1行）

挑针43个线圈

身体
（花样钩织）

8cm
（18针）

1.5cm（1行）
（花边）

54cm（43行）

直线缝针迹

1出　2入　3出　4入

作品 5、6

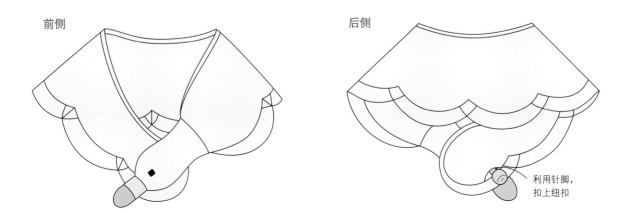

前侧

后侧

利用针脚，
扣上纽扣

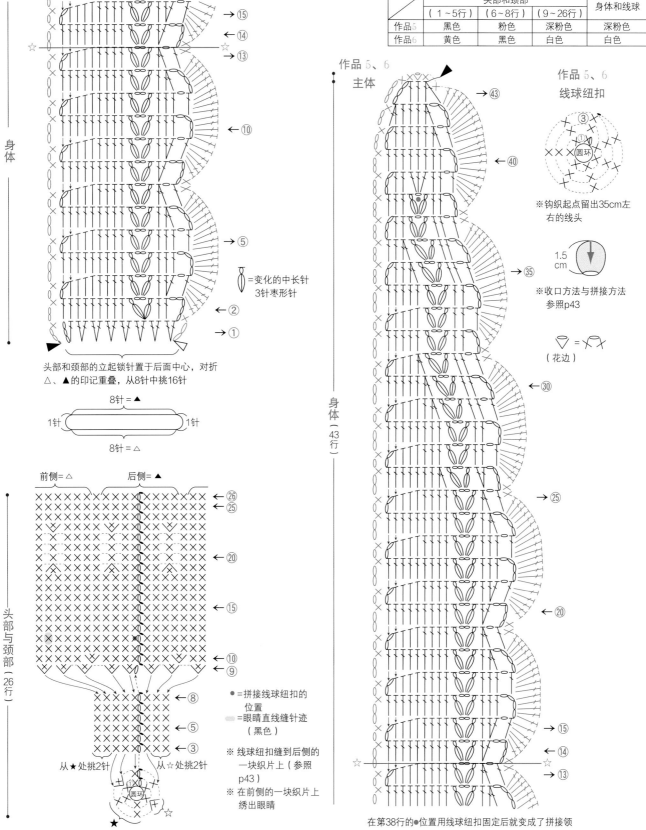

作品 5、6　主体的配色表

	头部和颈部			身体和线球
	（1~5行）	（6~8行）	（9~26行）	
作品5	黑色	粉色	深粉色	深粉色
作品6	黄色	黑色	白色	白色

作品 5、6
主体

→ ⑮
← ⑭
→ ⑬

← ⑩

← ⑤
← ②
→ ①

身体

= 变化的中长针
3针枣形针

头部和颈部的立起锁针置于后面中心，对折
△、▲的印记重叠，从8针中挑16针

8针 = ▲
1针　　　1针
8针 = △

前侧=△　　后侧=▲

← ㉖
← ㉕

← ⑳

← ⑮

← ⑩
← ⑨

← ⑧

← ⑤

← ③

头部与颈部（26行）

从★处挑2针　　　从☆处挑2针

圆环

★　　☆

● = 拼接线球纽扣的位置
▨ = 眼睛直线缝针迹（黑色）

※ 线球纽扣缝到后侧的一块织片上（参照p43）
※ 在前侧的一块织片上绣出眼睛

作品 5、6
线球纽扣

③
①
圆环

※ 钩织起点留出35cm左右的线头

1.5 cm

※ 收口方法与拼接方法参照p43

▽ = （花边）

→ ㊸

← ㊵

→ ㉟

← ㉚

← ㉕

← ⑳

← ⑮
← ⑭
→ ⑬

身体（43行）

在第38行的●位置用线球纽扣固定后就变成了拼接领

准备材料

[线] 和麻纳卡

作品 9 Amerry/ 芥末黄（3）…35g、原黑色（24）…15g

作品 10 Amerry/ 芥末黄（3）…30g、原黑色（24）…15g

[针] 钩针 6/0 号

[标准织片(边长 10cm 的正方形)] 作品 9、作品 10 长针 20 针、10 行

| 成品尺寸 | 作品 9 头围 52cm、深 16.5cm

作品 10 宽 9cm、长 14.5cm

钩织方法（作品 9）

1　钩织主体：先用线头制作圆环起针，然后用长针的条纹花样钩织 16 行、短针钩织 1 行。换线时将不用的编织线暂时停下，无须剪断。下次使用时先向上拉起，再进行钩织。

2　钩织耳朵和中央花样：耳朵部分先用线头制作圆环起针，然后织入 6 行长针。中央花样先织入 60 针锁针，然后依次将针脚变换为短针、中长针、长针、长长针进行钩织。

3　完成：将耳朵和中央花样缝到主体上，注意整体对称。

钩织方法（作品 10）

1　钩织手背侧、手掌侧：手背侧织入 18 针锁针起针，然后用长针的条纹花样钩织 14 行。换线时将不用的编织线暂时停下，无须剪断。下次使用时先向上拉起，再进行钩织。手掌侧织入 18 针锁针起针，变换大拇指的穿入口位置，钩织右手和左手。

2　拼接主体：手背与手掌侧正面相对重叠，用整针卷缝的方法缝合（参照 p95），翻到正面。从起针处挑针，织入 1 行花边，呈环形。

3　钩织大拇指：从大拇指的穿入口挑 12 针，织入 4 行长针。线头从最终行的针脚中穿过，收紧（参照 p42 手套大拇指的钩织方法进行钩织）。

4　完成：钩织肉垫，缝到手掌侧。

作品 9　第 10～15 行的配色

行数	配色
14、15	芥末黄
13	原黑色
11、12	芥末黄
10	原黑色

作品 9　主体

—— ＝原黑色

—— ＝芥末黄

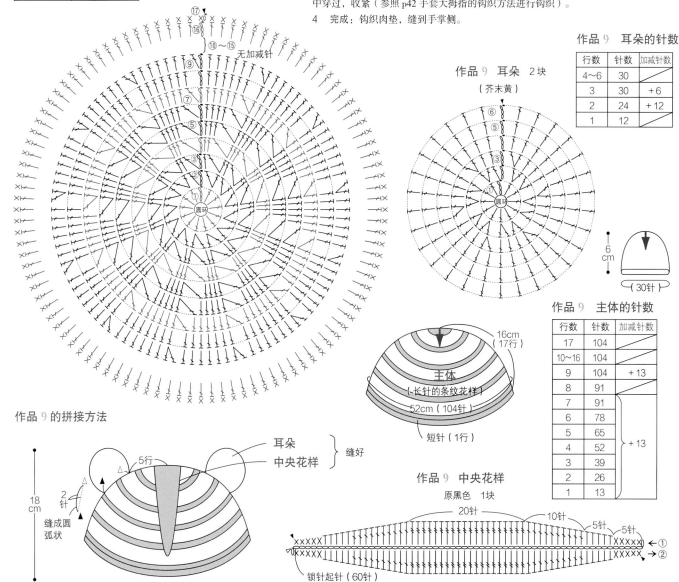

⑰⑯ ⑩～⑮ 无加减针

作品 9　耳朵　2 块
（芥末黄）

⑥⑤③①圆环

作品 9　耳朵的针数

行数	针数	加减针数
4～6	30	
3	30	＋6
2	24	＋12
1	12	

6cm

（30针）

作品 9　主体的针数

行数	针数	加减针数
17	104	
10～16	104	
9	104	＋13
8	91	
7	91	
6	78	
5	65	＋13
4	52	
3	39	
2	26	
1	13	

16cm（17行）

主体
（长针的条纹花样）

52cm（104针）

短针（1行）

作品 9 的拼接方法

耳朵
中央花样　} 缝好

18cm

5行

2针

缝成圆弧状

作品 9　中央花样
原黑色　1块

20针　10针　5针　5针

①
②

锁针起针（60针）

28.5cm

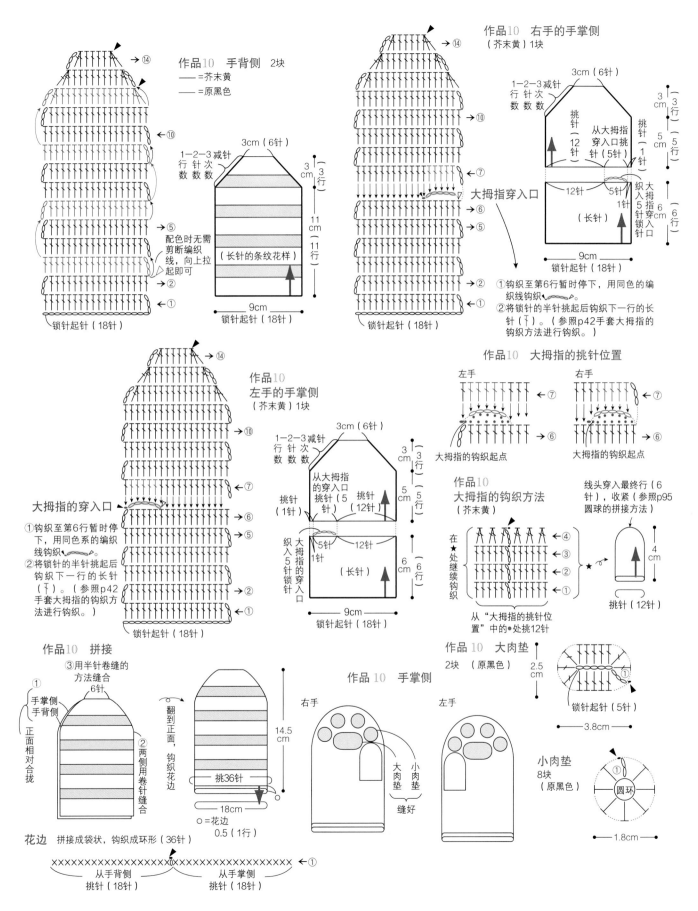

作品10　手背侧　2块
—— ＝芥末黄
—— ＝原黑色

1-2-3减针
行 针 次
数 数 数

3cm（6针）

3cm（3行）

11cm（11行）

（长针的条纹花样）

9cm
锁针起针（18针）

锁针起针（18针）

配色时无需剪断编织线，向上拉起即可

作品10　右手的手掌侧
（芥末黄）1块

1-2-3减针
行 针 次
数 数 数

3cm（6针）

3cm（3行）

5cm（5行）

6cm（6行）

挑针（12针）

从大拇指穿入口挑针（5针）

挑针（1针）

大拇指穿入口

12针　　5针　织入大拇指穿入5针锁针
1针

（长针）

9cm
锁针起针（18针）

①钩织至第6行暂时停下，用同色的编织线钩织
②将锁针的半针挑起后钩织下一行的长针（下）。（参照p42手套大拇指的钩织方法进行钩织。）

作品10
左手的手掌侧
（芥末黄）1块

大拇指的穿入口

①钩织至第6行暂时停下，用同色系的编织线钩织。
②将锁针的半针挑起后钩织下一行的长针（下）。（参照p42手套大拇指的钩织方法进行钩织。）

1-2-3减针
行 针 次
数 数 数

3cm（6针）

3cm（3行）

5cm（5行）

6cm（6行）

从大拇指的穿入口挑针（5针）

挑针（1针）

挑针（12针）

5针　　12针　织入大拇指的穿入口5针锁针
1针

（长针）

9cm
锁针起针（18针）

作品10　大拇指的挑针位置

左手

右手

大拇指的钩织起点

大拇指的钩织起点

作品10
大拇指的钩织方法
（芥末黄）

在★处继续钩织

从"大拇指的挑针位置"中的●处挑12针

线头穿入最终行（6针），收紧（参照p95圆球的拼接方法）

4cm

挑针（12针）

作品10　拼接

①
手掌侧
手背侧

正面相对合拢

③用半针卷缝的方法缝合
6针

②两侧用卷针缝合

翻到正面，钩织花边

14.5cm

挑36针

18cm

○＝花边
0.5（1行）

作品10　手掌侧

右手

左手

右手
大肉垫　小肉垫

左手
大肉垫　小肉垫

缝好

作品10　大肉垫
2块（原黑色）

2.5cm

锁针起针（5针）

3.8cm

小肉垫
8块
（原黑色）

圆环

1.8cm

花边　拼接成袋状，钩织成环形（36针）

从手背侧挑针（18针）　从手掌侧挑针（18针）

准备材料

[线]

作品 11 Richmore Spectre Modem/ 黄色（38）…88g，
Percent/ 深橙色（87）…16g、黄色（6）…10g

作品 12 奥林巴斯 Tree House Leaves/ 本白混合（1）…72g、
灰色混合（10）…67g

[针] 作品 11 钩针 6/0 号、10/0 号

作品 12 钩针 6/0 号、7/10 号、10/0 号

[标准织片]（边长 10cm 的正方形）10 针花样钩织 A、6.5 行

[成品尺寸] 头围 49cm、深 16.5cm

作品 11、12　绳带装饰的钩织方法

作品11=黄绿色　4根1组共6组

作品12=灰色混合2根、本白混合2根
　　　　4根1组共6组

①长80cm的编织线4根1组，各准备3组（一只耳朵
　3组，左右共6组）。

②在护耳花边拼接绳带装饰位置的1针短针中，按
　要领分别拼接1组流苏。

③用拼接好的线束编织成麻花辫（参照p41"麻花
　辫的编织方法"）。用作左右的护耳。

钩织方法（除特殊说明外，作品 11、12 的钩织方法相同）

1　钩织主体：分别用 2 股编织线钩织。先进行圆环起针，加针钩织至第 4 行，然后
无加减针钩织第 5~10 行。作品 12 交替各行的配色，继续钩织。

2　钩织护耳：在主体的指定位置接入新线，从主体挑针，然后分别钩织左右护耳。

3　钩织花边：钩织护耳，在主体与护耳周围钩织 1 圈花边。

4　钩织绳带装饰：长 80cm 的编织线 4 根 1 组，准备 3 组（一只耳朵 3 组，左右共 6
组。）在护耳花边拼接绳带装饰位置的 1 针短针中，按要领分别拼接 1 组流苏。拼接
好的线束编织成麻花辫（参照 p41）。用作左右的护耳。

5　钩织各部分：作品 11 分别钩织指定数量的大、中、小号背部装饰（1 股线），
参照拼接方法完成拼接。作品 12 的内耳、外耳（用 1 股线）、鬃毛的基底（2 股线），
参照钩织方法进行钩织。

6　完成：分别参照各部分的钩织方法，拼接到主体。

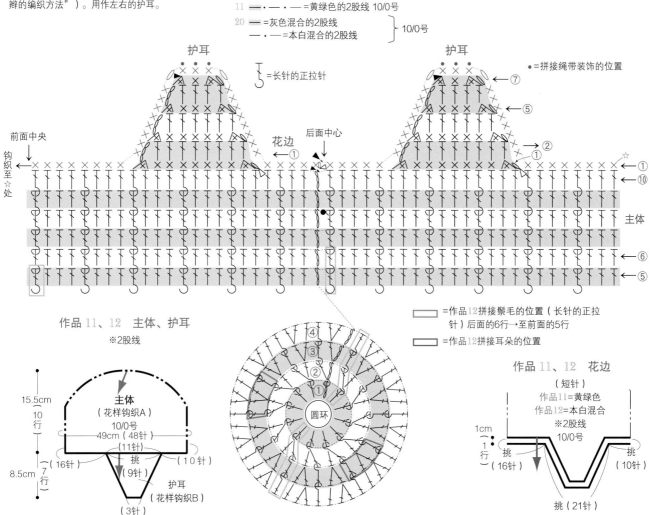

作品 11、12　主体、护耳、花边

作品 11、12　主体、护耳
※2股线

作品 11、12　花边

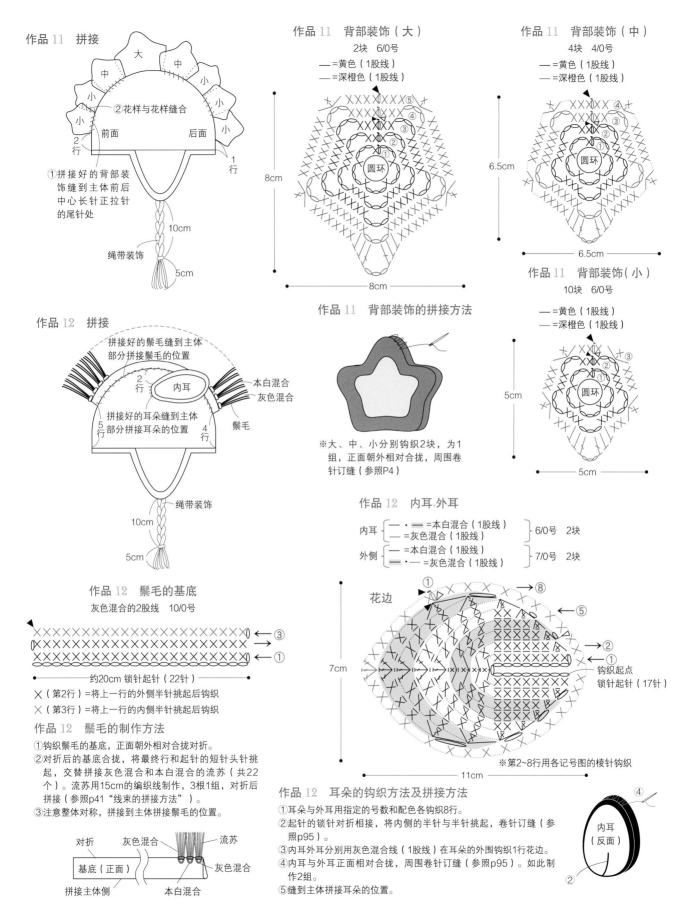

作品 11　拼接

大　中　中　小　小

②花样与花样缝合

前面　　　后面

小　小

2行

①拼接好的背部装饰缝到主体前后中心长针正拉针的尾针处

绳带装饰

10cm

5cm

1行

作品 11　背部装饰（大）
2块　6/0号
—=黄色（1股线）
—=深橙色（1股线）

圆环

8cm

8cm

作品 11　背部装饰（中）
4块　4/0号
—=黄色（1股线）
—=深橙色（1股线）

圆环

6.5cm

6.5cm

作品 11　背部装饰（小）
10块　6/0号
—=黄色（1股线）
—=深橙色（1股线）

圆环

5cm

5cm

作品 11　背部装饰的拼接方法

※大、中、小分别钩织2块，为1组，正面朝外相对合拢，周围卷针订缝（参照P4）

作品 12　拼接

拼接好的鬃毛缝到主体部分拼接鬃毛的位置

2行

内耳

本白混合

灰色混合

拼接好的耳朵缝到主体部分拼接耳朵的位置

5行

4行

鬃毛

绳带装饰

10cm

5cm

作品 12　内耳·外耳

内耳 { — ·　—=本白混合（1股线）
　　　 =灰色混合（1股线） } 6/0号　2块

外侧 { =本白混合（1股线）
　　　 ·—=灰色混合（1股线） } 7/0号　2块

作品 12　鬃毛的基底
灰色混合的2股线　10/0号

③

①

约20cm 锁针起针（22针）
X（第2行）=将上一行的外侧半针挑起后钩织
X（第3行）=将上一行的内侧半针挑起后钩织

作品 12　鬃毛的制作方法
①钩织鬃毛的基底，正面朝外相对合拢对折。
②对折后的基底合拢，将最终行和起针的短针头针挑起，交替拼接灰色混合和本白混合的流苏（共22个）。流苏用15cm的编织线制作，3根1组，对折后拼接（参照p41"线束的拼接方法"）。
③注意整体对称，拼接到主体拼接鬃毛的位置。

对折　灰色混合　流苏

基底（正面）

灰色混合

拼接主体侧　　本白混合

花边

7cm

①②③⑤⑧

钩织起点
锁针起针（17针）

11cm

※第2~8行用各记号图的棱针钩织

作品 12　耳朵的钩织方法及拼接方法
①耳朵与外耳用指定的号数和配色各钩织8行。
②起针的锁针对折相接，将内侧的半针与半针挑起，卷针订缝（参照p95）。
③内耳外耳分别用灰色混合线（1股线）在耳朵的外围钩织1行花边。
④内耳与外耳正面相对合拢，周围卷针订缝（参照p95）。如此制作2组。
⑤缝到主体拼接耳朵的位置。

内耳（反面）

②

④

61

准备材料

[线] 和麻纳卡
作品 13 Sonomono Alpaca Wool（普通粗线）/ 灰咖啡色（63）…
293g、米褐色（62）…8g
作品 14 Amerry/ 原白色（20）…170g、原黑色（24）…80g
[其他材料（共通）] 纽扣（直径2cm）…各4颗
宽7.5cm的厚纸…1张
[针] 作品 13 钩针6/0号，作品 14 钩针5/0号
[标准织片（边长10cm的正方形）] 作品 13 花样钩织18.5针、
11.5行，作品 14 花样钩织19.5针、12.5行
[成品尺寸] 作品 13 胸围71.8cm、衣长38cm、肩背宽29.5cm
作品 14 胸围67.8cm、衣长35.5cm、肩背宽27.5cm

钩织方法顺序（除特殊说明外，作品 13、14 的钩织方法相同）

1 钩织前后身片：用花样钩织的方法钩织前后身片。作品 13 用灰咖啡色钩织，作品 14 先用原白色钩织至第23行，然后将编织线换成原黑色继续钩织。

2 缝合肩部、侧边：前后身片的肩部相接，将外侧半针用卷缝的方法拼合（参照p95）。侧边部分，将前后身片的侧边正面朝内相对合拢，用2针引拔针、3针锁针进行锁针接缝（参照p95）。

3 钩织兜帽：依次从右前领口、后面领口、左前领口挑针钩织花样。第3行在中心1针的两侧各增加2针，第29~34行各减7针。钩织终点处相接，外侧半针用卷缝的方法拼合（参照p95）。

4 钩织耳朵：作品 13 外耳和内耳各钩织2块。作品 14 钩织2块外耳。

5 钩织花边：袖口的花边编64针，四周钩织2行，呈环形。钩织前面开口处的花边时，先在右前身片的下摆处接线，然后依次从右前身片的开口处、兜帽、左前身片的开口处挑针，用往复钩织的方法织入3行。钩织下摆时，在左前身片开口处的下摆处接线，依次从左前身片的下摆处、身片的下摆处、右前身片的下摆处挑针，用往复钩织的方法织入4行。

6 完成：耳朵用卷缝的方法缝到兜帽上（参照p95）。绒球缝到后身片。制作绒球时，作品 13 用灰咖啡色和米褐色的2股线在宽7.5cm的厚纸上缠65圈，作品 14 用原白色缠130圈。绒球的制作方法参照p64。纽扣缝到右前身片上。

作品 13、14 后身片

作品 13 ——·—— =灰咖啡色
作品 14 == 原白色   ※ 接入新线后钩
—— =原黑色   织左肩的2行

在肩部的缝合线处钩织=☆   ●=兜帽挑针的位置

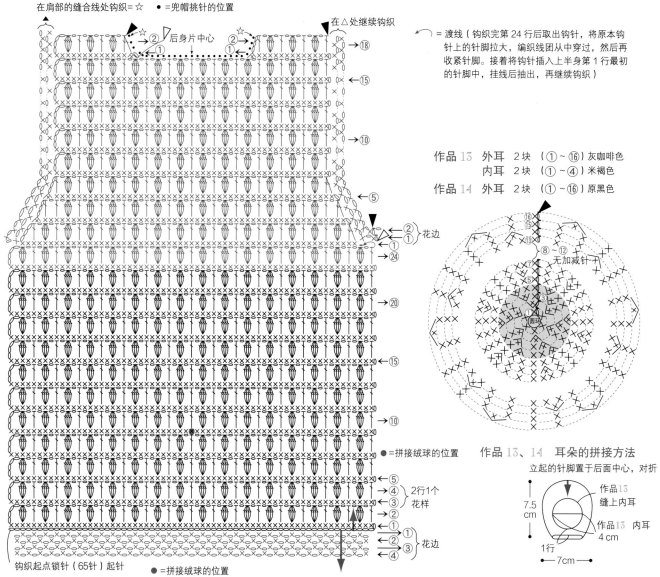

= 渡线（钩织完第24行后取出钩针，将原本钩针上的针脚拉大，编织线团从中穿过，然后再收紧针脚。接着将钩针插入上半身第1行最初的针脚中，挂线后抽出，再继续钩织）

作品 13 外耳 2块 （①~⑯）灰咖啡色
         内耳 2块 （①~④）米褐色
作品 14 外耳 2块 （①~⑯）原黑色

无加减针

●=拼接绒球的位置

作品 13、14 耳朵的拼接方法
立起的针脚置于后面中心，对折
作品 13 缝上内耳
7.5cm
作品 13 内耳 4cm
1行
7cm

②花边
①
④
②花样 2行1个
③
①
钩织起点锁针（65针）起针
●=拼接绒球的位置
①花边
②
④

在△处继续钩织
后身片中心

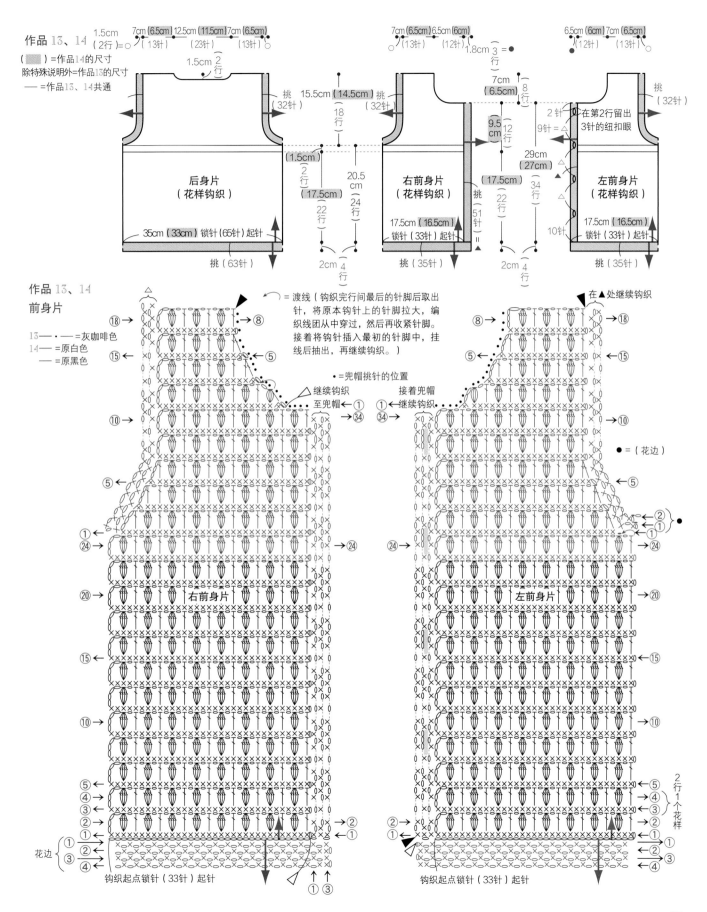

作品 13、14

1.5cm（2行）= ○
（▨）=作品14的尺寸
除特殊说明外=作品13的尺寸
—— =作品13、14共通

后身片
（花样钩织）

右前身片
（花样钩织）

左前身片
（花样钩织）

35cm（33cm）锁针（65针）起针

17.5cm（16.5cm）锁针（33针）起针

17.5cm（16.5cm）锁针（33针）起针

挑（63针）

挑（35针）

挑（35针）

在第2行留出3针的纽扣眼

作品 13、14
前身片

13 —·— =灰咖啡色
14 —— =原白色
—— =原黑色

= 渡线（钩织完行间最后的针脚后取出
针，将原本钩针上的针脚拉大，编
织线团从中穿过，然后再收紧针脚。
接着将钩针插入最初的针脚中，挂
线后抽出，再继续钩织。）

• =兜帽挑针的位置

继续钩织
至兜帽

接着兜帽
继续钩织

在▲处继续钩织

● = （花边）

右前身片

左前身片

2行1个花样

花边

钩织起点锁针（33针）起针

钩织起点锁针（33针）起针

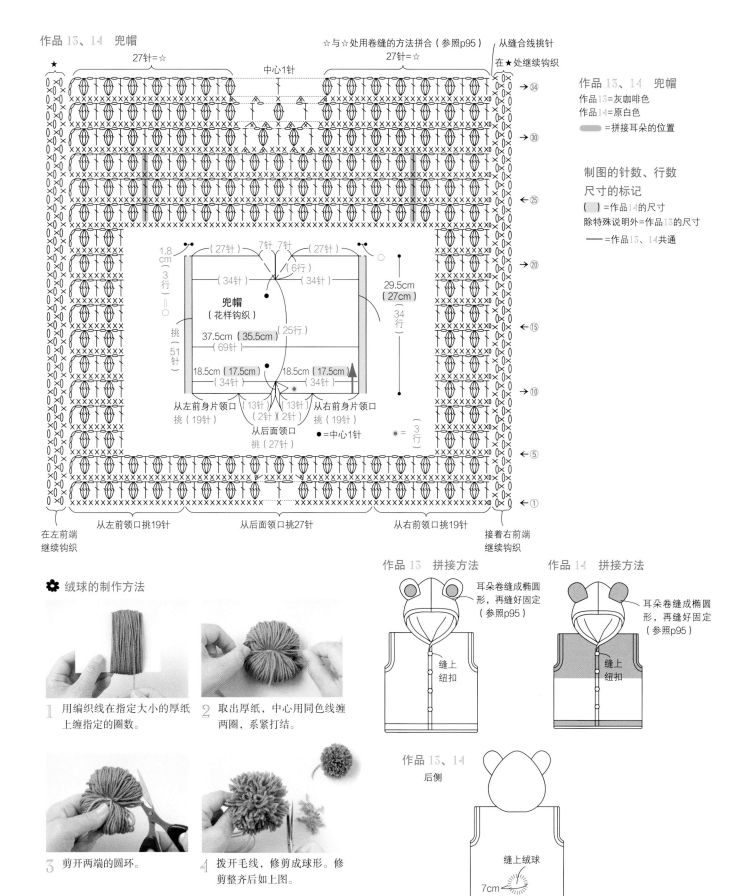

作品 13、14　兜帽

☆与☆处用卷缝的方法拼合（参照p95）

从缝合线挑针
在★处继续钩织

27针=☆　　　　　中心1针　　　　27针=☆

作品 13、14　兜帽
作品13=灰咖啡色
作品14=原白色
▨▨=拼接耳朵的位置

制图的针数、行数
尺寸的标记
（ ）=作品14的尺寸
除特殊说明外=作品13的尺寸
── =作品13、14共通

1.8cm（3行）=○

挑（51针）

（27针）　7针　7针　（27针）
（6行）
（34针）　　（34针）

29.5cm（27cm）
34行

兜帽
（花样钩织）

37.5cm（35.5cm）
（69针）　　（25行）

18.5cm（17.5cm）　18.5cm（17.5cm）
（34针）　　（34针）

从左前身片领口挑（19针）　（13针）　（13针）（2针）（2针）　从右前身片领口挑（19针）
从后面领口挑（27针）
●=中心1针　　◦ = 3行

在左前端继续钩织

从左前领口挑19针　　从后面领口挑27针　　从右前领口挑19针

接着右前端继续钩织

→㉞
→㉚
←㉕
→⑳
←⑮
→⑩
←⑤
←①

✿ 绒球的制作方法

1 用编织线在指定大小的厚纸上缠指定的圈数。

2 取出厚纸，中心用同色线缠两圈，系紧打结。

3 剪开两端的圆环。

4 拨开毛线，修剪成球形。修剪整齐后如上图。

作品 13　拼接方法

耳朵卷缝成椭圆形，再缝好固定（参照p95）

缝上纽扣

作品 14　拼接方法

耳朵卷缝成椭圆形，再缝好固定（参照p95）

缝上纽扣

作品 13、14
后侧

缝上绒球
7cm

准备材料

[线] 和麻纳卡
作品 15 Amerry/ 珊瑚粉（27）…55g、米褐色（21）…20g、
原白色（20）、原黑色（24）…各5g
作品 16 Amerry/ 灰色（22）…55 个、原棕色（23）…20g、
原白色（20）、原黑色（24）…各5g
[针] 钩针 5/0 号
[标准织片（边长 10cm 的正方形）] 花样钩织 25.5 针、8.5 行
[成品尺寸] 宽 9cm、长 83cm

钩织方法（除特殊说明外，作品 15、16 的钩织方法相同）
1 钩织主体：织入 23 针锁针起针，然后用花样钩织的方法织入 35 行。从起针开始挑针，用同样的方法沿反方向钩织 35 行。
2 钩织各部分：分别用配色线钩织口袋、耳朵、眼睛、鼻子的底座、鼻子。
3 完成：参照拼接方法，将各部分缝到口袋上。主体的两端与口袋正面朝外相对重叠，两块一起钩织短针拼接（参照 p44）。

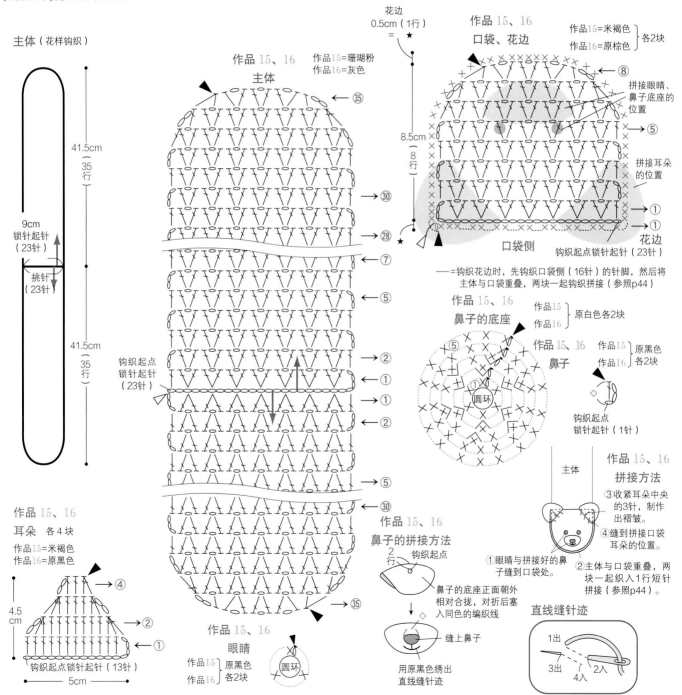

主体（花样钩织）

作品 15、16
主体
作品15=珊瑚粉
作品16=灰色

花边
0.5cm（1行）
=★

作品 15、16
口袋、花边
作品15=米褐色
作品16=原棕色 } 各2块

拼接眼睛、鼻子底座的位置
拼接耳朵的位置
口袋侧
钩织起点锁针起针（23针）

——=钩织花边时，先钩织口袋侧（16针）的针脚，然后将主体与口袋重叠，两块一起钩织拼接（参照p44）。

作品 15、16
鼻子的底座
作品15
作品16 } 原白色各2块

作品 15、16
鼻子
作品15
作品16 } 原黑色各2块

钩织起点锁针起针（1针）

钩织起点锁针起针（23针）

作品 15、16
拼接方法
③收紧耳朵中央的3针，制作出褶皱。
④缝到拼接口袋耳朵的位置。
①眼睛与拼接好的鼻子缝到口袋处。
②主体与口袋重叠，两块一起钩入1行短针拼接（参照p44）。

作品 15、16
耳朵　各4块
作品15=米褐色
作品16=原黑色

4.5cm

钩织起点锁针起针（13针）
5cm

作品 15、16
眼睛
作品15
作品16 } 原黑色各2块

作品 15、16
鼻子的拼接方法
钩织起点
鼻子的底座正面朝外相对合拢，对折后塞入同色的编织线
缝上鼻子
用原黑色绣出直线缝针迹

直线缝针迹
1出
3出　2入
4入

准备材料

[线] Puppy

作品 17 Princess Anny/ 黄色（551）···55g，橙色（541）、黑色（520）···各5g

作品 18 Princess Anny/ 白色（502）···45g、红色（505）···25g，深橙色（554）···10g、黄色（551）、黑色（520）···各5g

[针] 钩针 6/0 号

[标准织片（边长 10cm 的正方形）] 花样钩织 4 个花样、12 行

[成品尺寸] 作品 17 头围 50cm、深 15.5cm

作品 18 头围 50cm、深 16.5cm

钩织方法（（除特殊说明外，作品 17、18 的钩织方法相同）

1 钩织主体：用线头制作圆环后织入起针，然后用花样钩织 17 行。作品 17 钩织 4 行短针的花边，作品 18 钩织帽檐。将第 2 行的内侧半针挑起钩织帽檐 A 的第 3 行，再将帽檐 A 第 2 行的短针和剩余的外侧半针挑起钩织帽檐 B 的第 1 行。

2 钩织各部分：作品 17 需钩织翅膀、喙、绒毛、眼睛，作品 18 需钩织喙、鸡冠、眼睛。

3 完成：各部分缝到主体上。

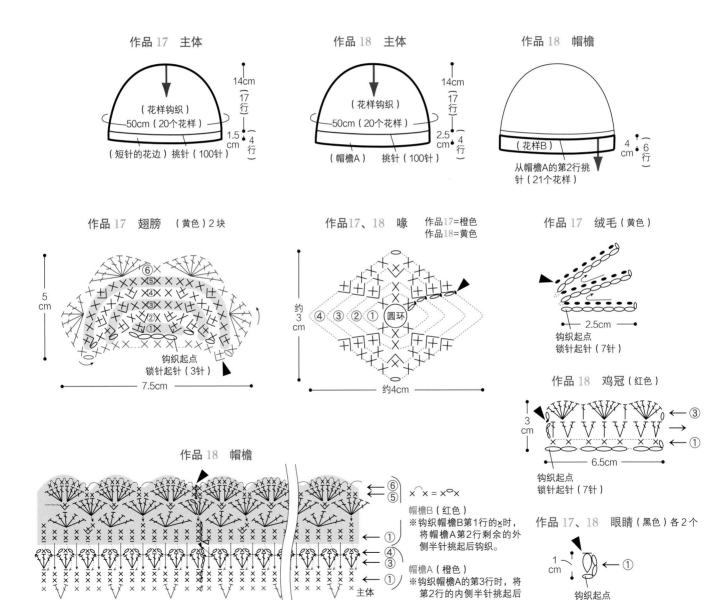

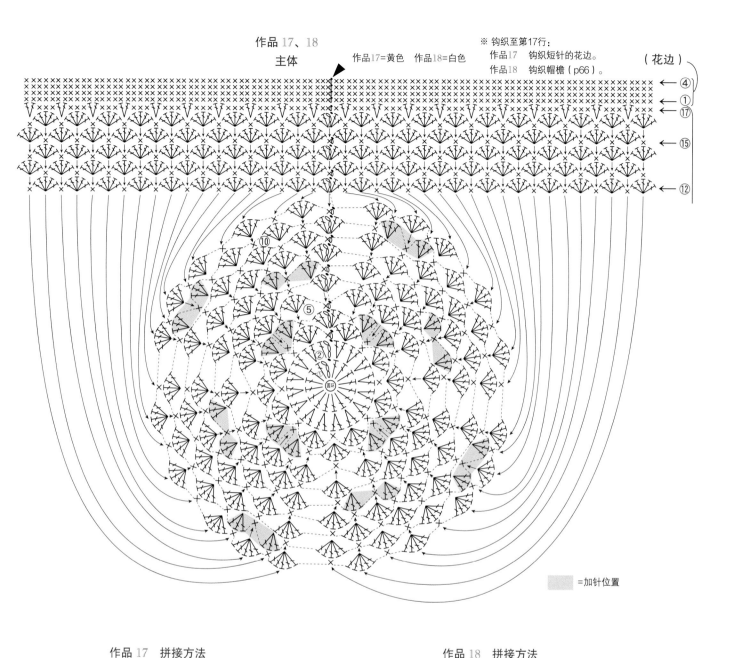

作品 17、18

主体

作品17=黄色　作品18=白色

※ 钩织至第17行:
作品17　钩织短针的花边。
作品18　钩织帽檐 (p66)。

(花边)

■ =加针位置

作品 17　拼接方法

绒毛
眼睛 } 缝上

喙
塞入同色编织线,缝好

(1行)

14
cm

翅膀
缝上

(5行)

1.5cm

⚤ =3个花样

※ 缝眼睛、喙的位置参照作品18。

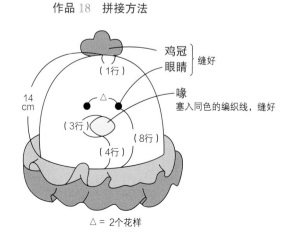

作品 18　拼接方法

鸡冠
眼睛 } 缝好

喙
塞入同色的编织线,缝好

14
cm

(1行)

△

(3行)

(8行)

(4行)

△ = 2个花样

19、20　❀ 图片…p22

准备材料

[线] 和麻纳卡

作品 19 Amerry/ 灰色（22）…50g、米褐色（21）…10g、橙色（4）…5g

作品 20 Amerry/ 黑灰色（30）…35g、灰黄色（1）…2g、橙色（4）、草绿色（13）…各 1g

[其他材料] 作品 19 填充棉…少许

[针] 钩针 6/0 号

[标准织片（边长 10cm 的正方形）] 作品 19、20 长针 20 针、10 行

[成品尺寸] 作品 19 头围 52cm、深 16cm

作品 20 宽 9cm、长 14.5cm

钩织方法（作品 19）

1 钩织主体（钩织方法参照 p58 作品 9 的主体）：先用线头制作圆环起针，然后用长针加针的同时钩织 16 行。接着用短针织入 1 行。

2 钩织耳朵、犄角：耳朵部分先钩织内耳和外耳，各 2 块。然后将 2 块内外耳织片正面朝外重叠，一起钩织花边，缝合。犄角部分先用线头制作圆环起针，然后换短针、中长针钩织织片，织入 17 行。最后塞入填充棉。

3 完成：犄角缝到主体上，缝一圈。耳朵对折，仅将外耳缝好即可。

钩织方法（作品 20）

1 钩织主体：织入 36 针锁针起针，然后在第 1 针中引拔钩织，呈环形。钩织至第 6 行，暂时停下编织线，用另外的同色线钩织大拇指的穿入口。接着钩织 8 行（参照 p42 手套大拇指的钩织方法进行钩织）。正面相对合拢后，最终行用整针卷缝的方法处理（参照 p95），再翻到正面。

2 钩织大拇指和花边：从大拇指的穿入口挑 12 针，接着钩织 4 行长针。线头穿入最终行的针脚中，收紧（参照 p42 手套大拇指的钩织方法进行钩织）。在起针处钩织 1 行花边。

3 钩织各部分：钩织耳朵、眼睛、犄角。

4 完成：耳朵、眼睛、犄角缝到主体上，再用飞鸟绣针迹缝出鼻子。

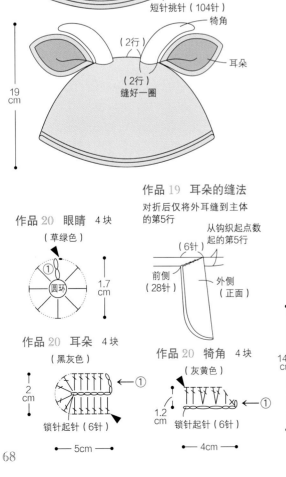

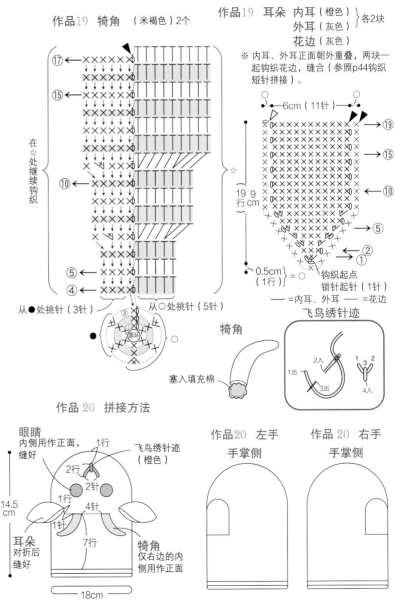

作品 20 的钩织方法

右手的钩织方法（黑灰色）

正面相对合拢，用半针卷缝的方法缝合（参照p95），翻到正面　　●=拼接眼睛的位置

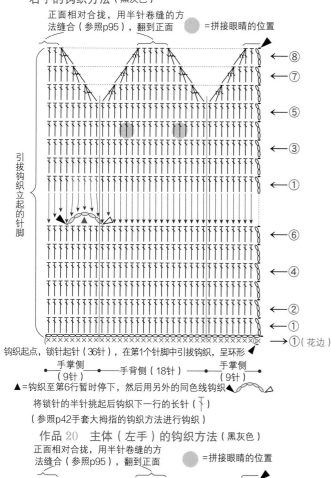

引拔钩织立起的针脚

← ⑧
← ⑦
← ⑤
← ③
← ①
← ⑥
← ④
← ②
← ①
→ ①（花边）

钩织起点，锁针起针（36针），在第1个针脚中引拔钩织，呈环形◥

手掌侧（9针）—手背侧（18针）—手掌侧（9针）

▲=钩织至第6行暂时停下，然后用另外的同色线钩织

将锁针的半针挑起后钩织下一行的长针（↑）

（参照p42手套大拇指的钩织方法进行钩织）

作品 20　主体（左手）的钩织方法（黑灰色）

正面相对合拢，用半针卷缝的方法缝合（参照p95），翻到正面　　●=拼接眼睛的位置

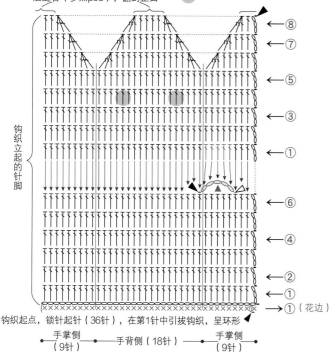

钩织立起的针脚

← ⑧
← ⑦
← ⑤
← ③
← ①
← ⑥
← ④
← ②
← ①
→ ①（花边）

钩织起点，锁针起针（36针），在第1针中引拔钩织，呈环形◥

手掌侧（9针）—手背侧（18针）—手掌侧（9针）

▲=钩织至第6行暂时停下，然后用另外的同色线钩织

将锁针的半针挑起后钩织下一行的长针（↑）

（参照p42手套大拇指的钩织方法进行钩织）

作品 20　主体（右手）

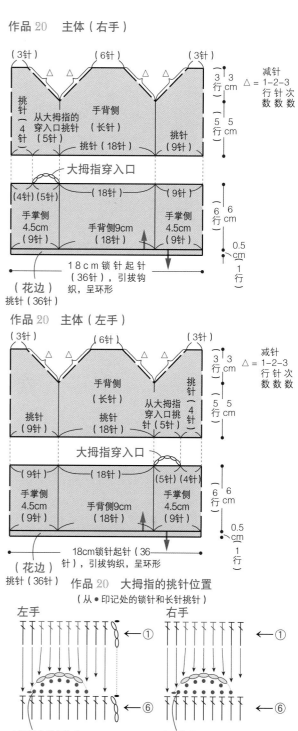

（3针）（6针）（3针）

挑针（4针）
从大拇指的穿入口挑针（5针）
手背侧（长针）
挑针（18针）
挑针（9针）

3行3cm
5行5cm

减针 △=1-2-3
行针次
数数数

大拇指穿入口

（4针）（5针）（18针）（9针）

手掌侧4.5cm（9针）　手背侧9cm（18针）　手掌侧4.5cm（9针）

18cm锁针起针（36针），引拔钩织，呈环形

（花边）挑针（36针）

6行6cm
0.5cm
1行

作品 20　主体（左手）

（3针）（6针）（3针）

手背侧（长针）
挑针（9针）
挑针（18针）
从大拇指穿入口挑针（5针）
挑针（4针）

3行3cm
5行5cm

减针 △=1-2-3
行针次
数数数

大拇指穿入口

（9针）（18针）（5针）（4针）

手掌侧4.5cm（9针）　手背侧9cm（18针）　手掌侧4.5cm（9针）

18cm锁针起针（36针），引拔钩织，呈环形

（花边）挑针（36针）

6行6cm
0.5cm
1行

作品 20　大拇指的挑针位置

（从●印记处的锁针和长针挑针）

左手　　　　　　　　右手

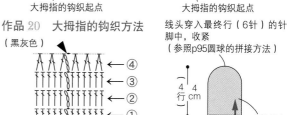

← ①
← ⑥

大拇指的钩织起点　　大拇指的钩织起点

作品 20　大拇指的钩织方法（黑灰色）

← ④
← ③
← ②
← ①

从大拇指的挑针位置的●开始挑针（12针）

线头穿入最终行（6针）的针脚中，收紧（参照p95圆球的拼接方法）

4行4cm

挑针（12针）（长针）

准备材料

[线] Puppy

作品 23 Mini Sport/ 黑色（432）…70g、黄色（688）…10g、
白色（430）…7g

作品 24 Mini Sport/ 黄绿色（685）…68g；Queen Anny/ 绿色
（935）…32g、本白（802）…8g、黑色（803）…1g

[针] 作品 23…钩针 7/0 号、8/0 号、10/0 号

作品 24…钩针 6/0 号、10/0 号

[标准织片（边长 10cm 的正方形）] 花样钩织 A 15针、7.5 行

[成品尺寸] 头围 52cm、深 15.5cm

钩织方法（除特殊说明外，作品 23、24 的钩织方法相同）

1 钩织主体、护耳：用线头制作圆环后织入起针，在加针的同时继续钩织主体、
护耳。接着主体和护耳继续钩织 1 行短针花边。

2 完成护耳（参照 p41）：用 3 根 80cm 的编织线制作流苏，在护耳顶端拼接 3 根
流苏，编织成 8cm 的麻花辫，打结后剪断。

3 钩织各部分：作品 23 钩织眼睛和喙，作品 24 钩织眼睛和鳄鱼（参照 p44）。

4 完成：缝合各部分，注意整体对称。

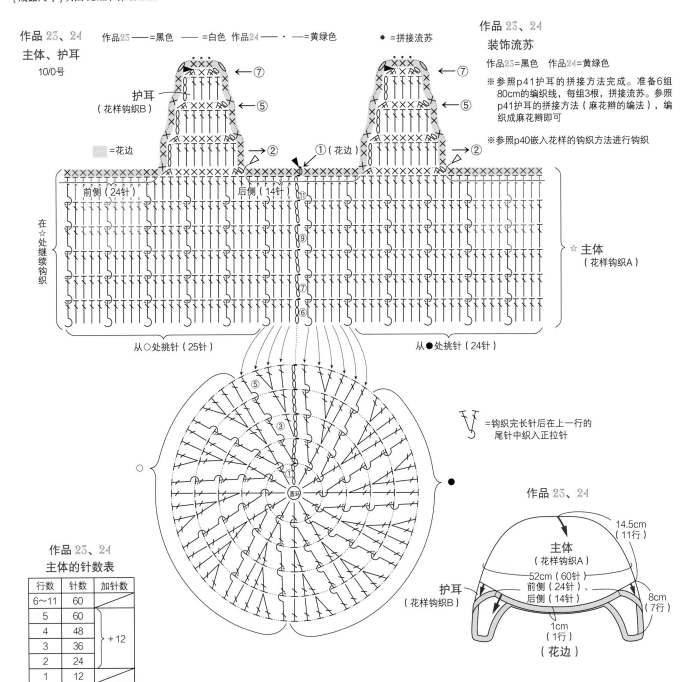

作品 23、24
主体、护耳
10/0号

护耳
（花样钩织B）

=花边

作品23 ——=黑色 ——=白色　作品24 —— · ——=黄绿色　　●=拼接流苏

前侧（24针）　后侧（14针）

①（花边）

在☆处继续钩织

从○处挑针（25针）　从●处挑针（24针）

☆主体
（花样钩织A）

圆环

作品 23、24
装饰流苏

作品23=黑色　作品24=黄绿色

※参照 p41护耳的拼接方法完成。准备 6组
80cm 的编织线，每组 3根，拼接流苏。参照
p41 护耳的拼接方法（麻花辫的编法），编
织成麻花辫即可

※参照 p40嵌入花样的钩织方法进行钩织

=钩织完长针后在上一行的
尾针中织入正拉针

作品 23、24

14.5cm
（11行）

主体
（花样钩织A）

护耳
（花样钩织B）

52cm（60针）
前侧（24针）、
后侧（14针）

8cm
（7行）

1cm
（1行）

（花边）

作品 23、24
主体的针数表

行数	针数	加针数
6～11	60	
5	60	+12
4	48	
3	36	
2	24	
1	12	

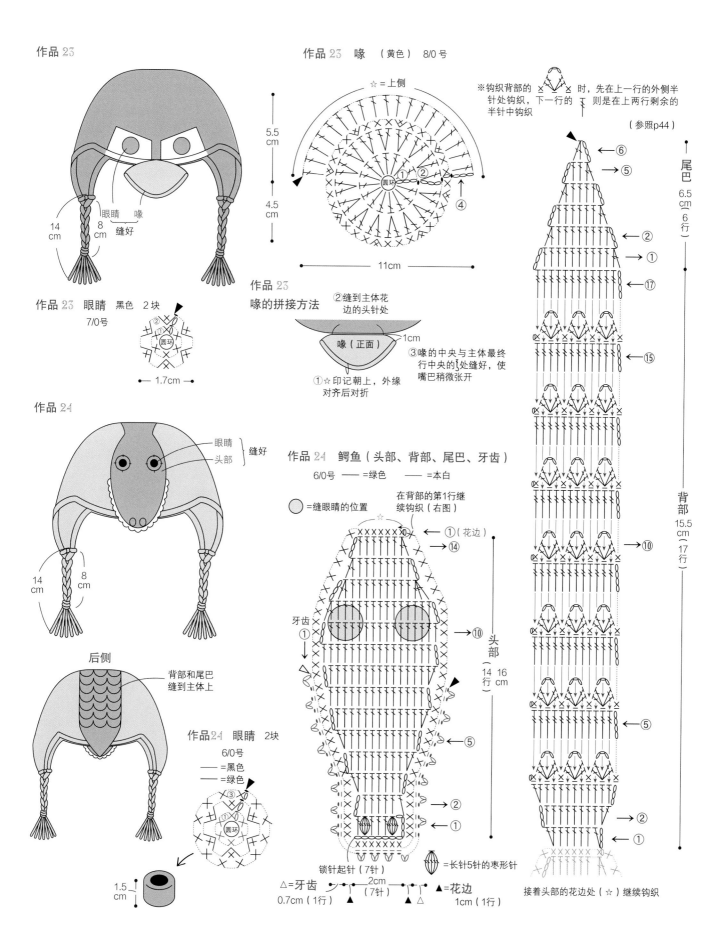

作品 23

14 cm　8 cm
眼睛　喙　缝好

作品 23　喙　（黄色）　8/0号

☆ = 上侧

圆环

5.5 cm
4.5 cm

11cm

①②④

作品 23　眼睛　黑色　2块
7/0号

圆环
②

← 1.7cm →

作品 23
喙的拼接方法

②缝到主体花
边的头针处

喙（正面）　1cm

③喙的中央与主体最终
行中央的↓处缝好，使
嘴巴稍微张开

①☆印记朝上，外缘
对齐后对折

※钩织背部的 ×│× 时，先在上一行的外侧半
针处钩织，下一行的 Ŧ 则是在上两行剩余的
半针中钩织

（参照p44）

尾巴
6.5 cm
（6 行）

←⑥
→⑤
←②
→①
←⑰

←⑮

←⑩

←⑤

→②
←①

背部
15.5 cm
（17 行）

接着头部的花边处（☆）继续钩织

作品 24

眼睛
头部　缝好

14 cm　8 cm

后侧

背部和尾巴
缝到主体上

作品 24　眼睛　2块
6/0号

―― = 黑色
―― = 绿色

圆环
③

1.5 cm

作品 24　鳄鱼（头部、背部、尾巴、牙齿）
6/0号　―― = 绿色　―― = 本白

⬤ = 缝眼睛的位置

在背部的第1行继
续钩织（右图）

牙齿
①

☆
①（花边）
→⑭

→⑩

头部
14 16
行 cm

←⑤

→②
←①

锁针起针（7针）
△=牙齿
0.7cm（1行）

2cm
（7针）

▲=花边
1cm（1行）

= 长针5针的枣形针

71

准备材料

[线] Puppy

作品 21 Queen Anny/ 淡蓝色（106）…260g、三文鱼粉色（970）…10g

作品 22 Queen Anny/ 粉色（938）…250g、奶油色（880）…8g

[其他材料（共通）] 纽扣（直径 18mm）…各 4 颗

[针] 钩针 6/0 号，除特殊说明外均为 7/0 号

[标准织片（边长 10cm 的正方形）] 花样钩织 16 针、12 行

[成品尺寸] 胸围 62cm、肩背宽 27cm、衣长 32cm、兜帽长 27.5cm

钩织方法（除特殊说明外，作品 21、22 的钩织方法相同）

1 钩织前后身片、兜帽：钩织 97 针锁针起针，然后钩织前后身片，从袖口处分成右前身片、后身片、左右身片进行钩织。终点处将左前肩部和左后肩部、右前肩部和右后肩部用整针缝的方法缝合（参照 p95）。从前后领口开始挑针，钩织兜帽。终点处用整针卷缝的方法缝合（参照 p95）。

2 钩织花边：在左前身片的前端接线，然后沿着衣身的下摆、右前身片的顶端、兜帽的顶端、左前身片的前端继续钩织花边。钩织袖口时，在侧边线的位置接线，钩织成环形。

3 钩织各部分：作品 21 钩织 2 只耳朵和 1 条尾巴。作品 22 钩织 2 只耳朵，鼻子 A、B，2 个鼻孔，1 条尾巴。将鼻子 A、B 两块合拢，用外侧半针卷缝的方法缝合（参照 p95）。中途塞入同色编织线（奶油色），塞 1cm 厚。将鼻孔部分与鼻子缝合。

4 完成：作品 21 缝上耳朵与尾巴，作品 22 缝上耳朵、拼接好的鼻子、尾巴，最后缝上纽扣。

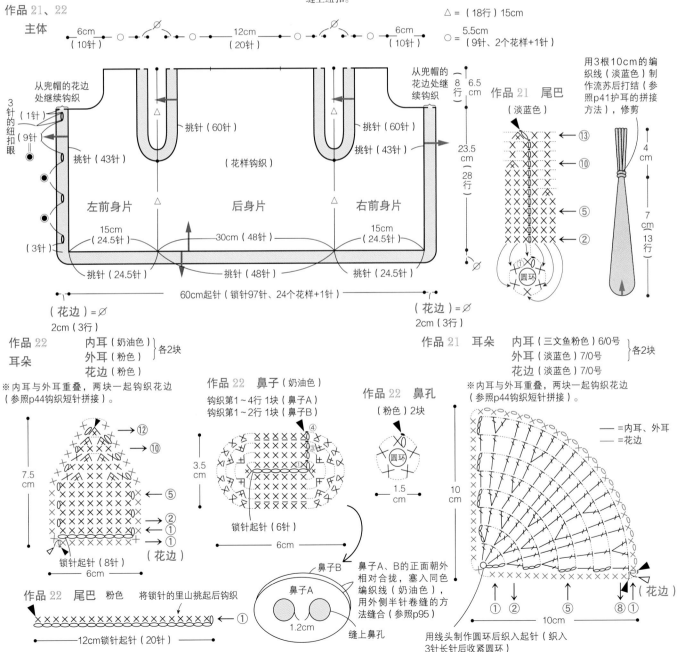

作品 21、22 主体

作品 22 耳朵 内耳（奶油色） 外耳（粉色） 花边（粉色） 各 2 块

※内耳与外耳重叠，两块一起钩织花边（参照 p44 钩织短针拼接）。

作品 22 鼻子（奶油色）
钩织第 1~4 行 1 块（鼻子 A）
钩织第 1~2 行 1 块（鼻子 B）

作品 22 鼻孔（粉色）2 块

作品 21 尾巴（淡蓝色）

作品 21 耳朵 内耳（三文鱼粉色）6/0 号 外耳（淡蓝色）7/0 号 花边（淡蓝色）7/0 号 各 2 块

※内耳与外耳重叠，两块一起钩织花边（参照 p44 钩织短针拼接）。

作品 22 尾巴 粉色 将锁针的里山挑起后钩织

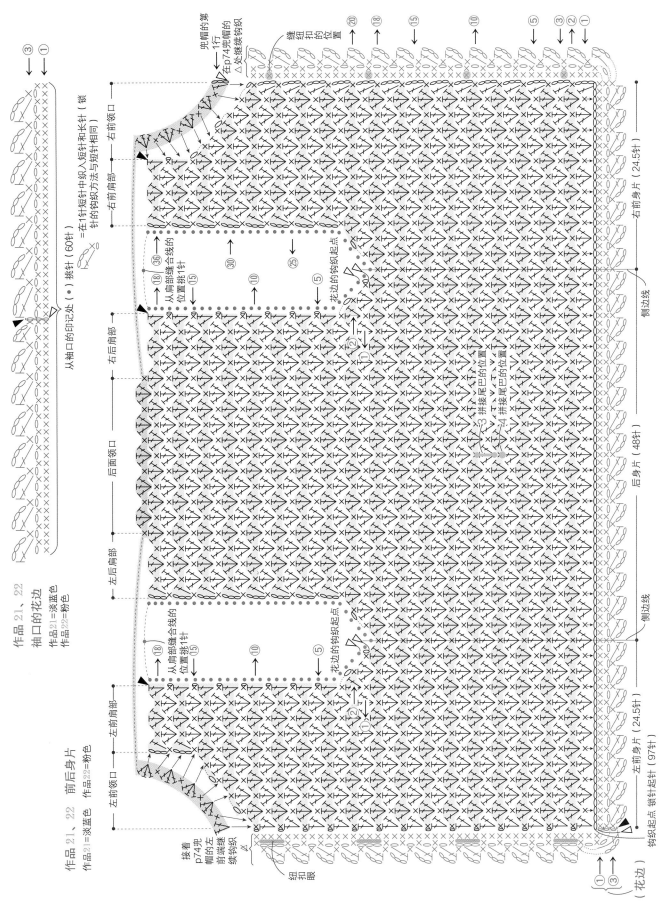

作品 21、22 袖口的花边
作品21=淡蓝色
作品22=粉色

作品 21、22 前后身片
作品21=淡蓝色 作品22=粉色

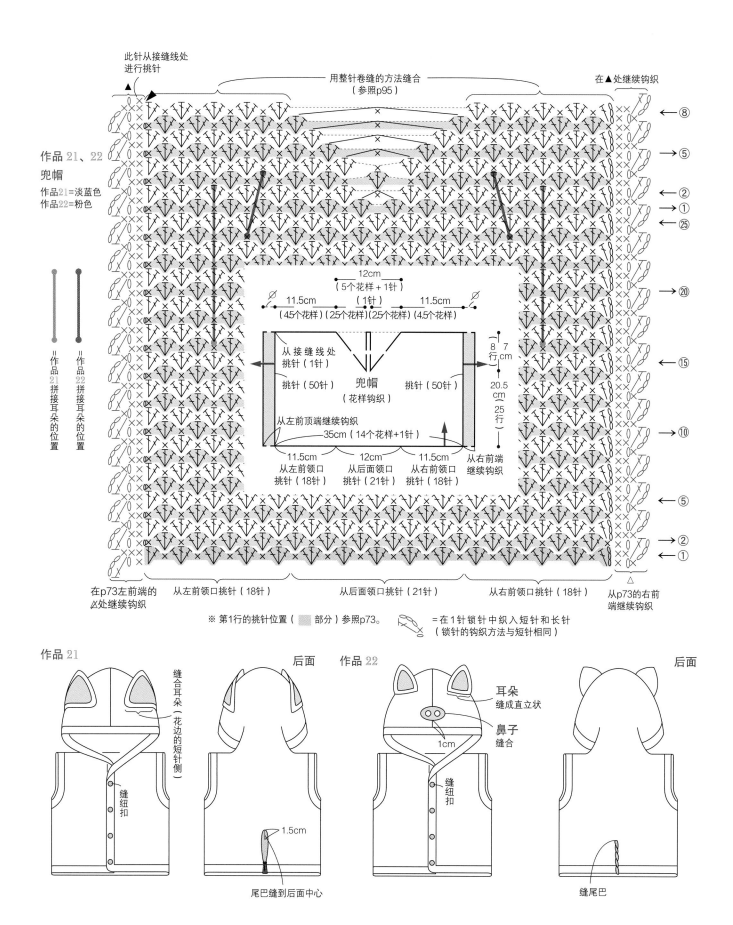

此针从接缝线处
进行挑针

用整针卷缝的方法缝合
（参照p95）

在▲处继续钩织

作品 21、22
兜帽

作品21=淡蓝色
作品22=粉色

＝作品21拼接耳朵的位置
＝作品22拼接耳朵的位置

12cm
（5个花样＋1针）

11.5cm　（1针）　11.5cm
（4.5个花样）（2.5个花样）（2.5个花样）（4.5个花样）

从接缝线处
挑针（1针）

兜帽
（花样钩织）

挑针（50针）　　挑针（50针）

8 7
行 cm

20.5
cm
25
行

从左前顶端继续钩织
35cm（14个花样＋1针）

从右前端继续钩织

11.5cm　12cm　11.5cm
从左前领口挑针（18针）　从后面领口挑针（21针）　从右前领口挑针（18针）

在p73左前端的
㐅处继续钩织

从左前领口挑针（18针）　　从后面领口挑针（21针）　　从右前领口挑针（18针）

从p73的右前端继续钩织

※ 第1行的挑针位置（▨ 部分）参照p73。

＝在1针锁针中织入短针和长针
（锁针的钩织方法与短针相同）

作品 21

后面

作品 22

后面

缝合耳朵（花边的短针侧）

缝纽扣

尾巴缝到后面中心

1.5cm

耳朵
缝成直立状

鼻子
缝合

1cm

缝纽扣

缝尾巴

准备材料

[编织线] 和麻纳卡

作品 25 Amerry/ 原白色（20）…172g、原黑色（24）…62g、芥末黄（3）…4g

作品 26 Amerry/ 芥末黄（3）…180g、巧克力棕（9）…39g

[其他材料（共通）] 纽扣（直径 18mm）…各 5 颗、填充棉…适量

[针] 钩针 5/0 号

[标准织片]（边长 10cm 的正方形）花样钩织 20 针，9 行

[成品尺寸] 胸围 61.5cm、衣长 31.5cm、肩背宽 25cm

钩织方法顺序（除特殊说明外，作品 25、26 的钩织方法相同）

1 钩织主体、兜帽：前后身片一起织入 120 针锁针进行起针，然后用花样钩织的方法织入 16 行，从第 17 行开始前后身片分别用花样钩织的方法织入 11 行。用卷缝的方法将前后身片左右肩的各 10 针处拼合（参照 p95），从前后身片的领口挑针，用花样钩织的方法钩织兜帽，织入 22 行。终点处用卷缝的方法拼合（参照 p95）。

2 钩织花边：钩织袖孔时，从记号图的 ● 印记处挑 57 针，再在四周织入 3 行短针，呈环形。主体部分在右侧边线下方接线，依次在右前身片下摆、右前端、兜帽脸部周围、左前端、左前身片下摆、后身片下摆处钩织 3 行短针。

3 钩织耳朵、犄角、嵌花图案：耳朵、犄角分别钩织 2 块，嵌花图案参照图案 a、b 钩织指定的块数。

4 完成：耳朵、犄角缝到兜帽上（参照 p44），参照嵌花图案，用挑针接缝的方法缝到全身。

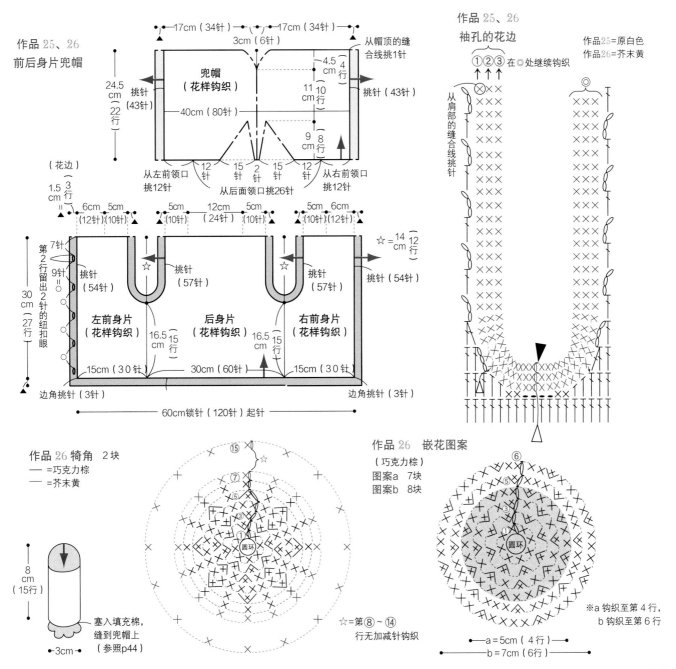

作品 25、26
前后身片兜帽

兜帽（花样钩织）

袖孔的花边

作品 26 犄角 2 块

作品 26 嵌花图案

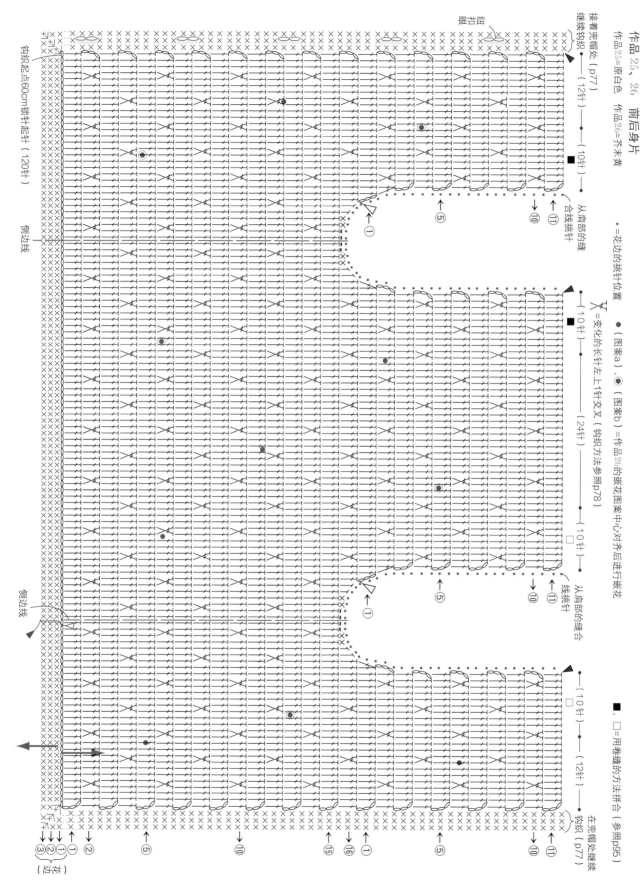

作品 25、26　前后身片

作品25=原白色　作品26=芥末黄

●=（图案a）、◎=（图案b）=作品26的嵌花图案中心对齐后进行嵌花

✕=变化的长针左上1针交叉（钩织方法参照p78）

●=（图案a）、◎=（图案b）=作品26的嵌花图案中心对齐后进行嵌花

■、□=用卷缝的方法拼合（参照p95）

●=花边的挑针位置

作品 26

X =变化的长针左上1针交叉（钩织方法参照p78）

（●图案a）、（◎图案b）=与图案中心对齐后进行嵌花

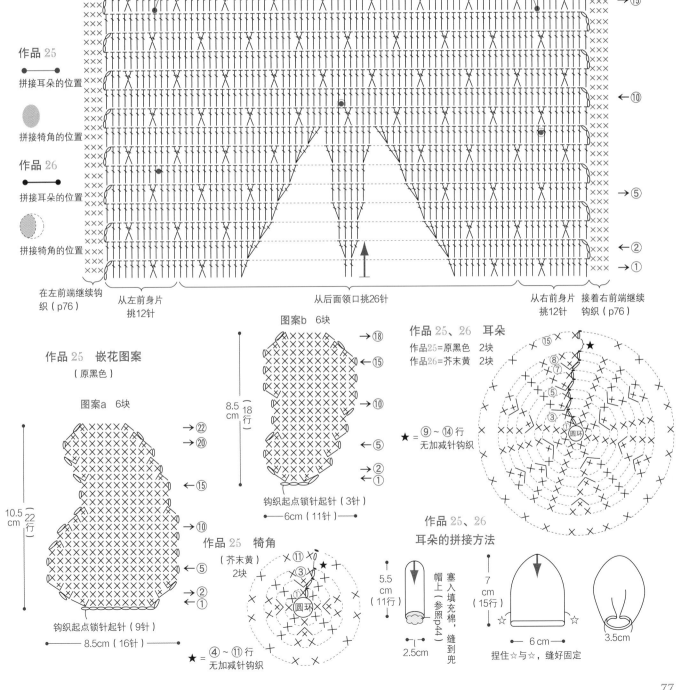

在●处继续钩织
从缝合线挑针

34针　　34针

←22
←20
→15
←10
→5
←2
→1

作品 25、26
兜帽
作品25=原白色
作品26=芥末黄

作品 25
拼接耳朵的位置
拼接犄角的位置

作品 26
拼接耳朵的位置
拼接犄角的位置

在左前端继续钩织（p76）
从左前身片挑12针
从后面领口挑26针
从右前身片挑12针
接着右前端继续钩织（p76）

作品 25　嵌花图案
（原黑色）

图案a　6块
10.5 cm（22行）
→22
→20
←15
→10
←5
→2
←1
钩织起点锁针起针（9针）
8.5cm（16针）

图案b　6块
→18
←15
→10
←5
→2
←1
8.5 cm（18行）
钩织起点锁针起针（3针）
6cm（11针）

作品 25、26　耳朵
作品25=原黑色　2块
作品26=芥末黄　2块
⑮ ⑧ ⑦ ⑤ ③ 圆环
★=⑨~⑭行
无加减针钩织

作品 25　犄角
（芥末黄）2块
⑪ ③ ① 圆环
★=④~⑪行
无加减针钩织

作品 25、26
耳朵的拼接方法
5.5 cm（11行）
2.5cm
帽上 塞入填充棉，缝到兜帽上（参照p44）
7 cm（15行）
6 cm
捏住☆与☆，缝好固定
3.5cm

作品 25　拼接方法、缝图案 a、b 的位置　　　　　　　作品 26　拼接方法

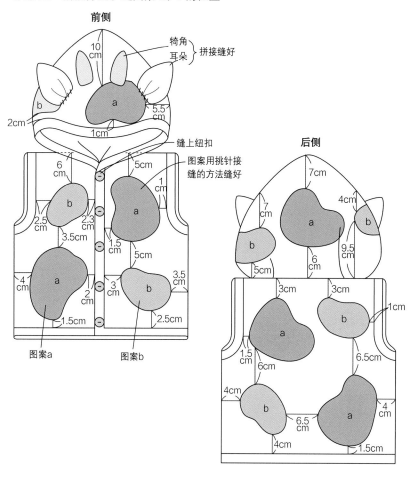

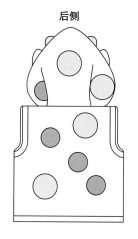

前侧

犄角
耳朵 } 拼接缝好

10
cm

拼接缝好

5.5
cm

b

a

2cm

1cm

缝上纽扣

图案用挑针接
缝的方法缝好

6
cm

5cm

1
cm

b

a

2.5
cm

2.3
cm

3.5cm

1.5
cm

5cm

4
cm

a

3
cm

b

3.5
cm

2
cm

1.5cm

2.5
cm

图案a　　　图案b

后侧

7cm

7
cm

4cm

a

b

5cm

6
cm

9.5
cm

3cm

3cm

1cm

b

a

1.5
cm

6cm

6.5
cm

4cm

b

a

4
cm

6.5
cm

4cm

1.5cm

缝上纽扣

图案与记号图对齐印记
（p76,77）的中心对
齐，用挑针接缝的方法
拼接缝好

图案a

图案b

后侧

变化的长针左上 1 针交叉的钩织方法

※第2行是看着反面钩织，所以 ⚡（变化的长针左上1针交叉）处是织入 ⚡（变化的长针右上1针交叉）。

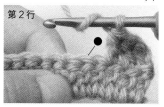

第2行

1　花样钩织至内侧，先在针尖
挂线。

2　跳过上一行的1个针脚，在图
片1●印记所示的针脚处织入
长针。

3　钩针插入图片2的●印记中，针
尖挂线后引拔抽出。

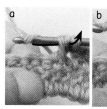

4　再次在针尖挂线，引拔抽出钩
织长针（a、b）。

5　变化的长针右上1针交叉完成。

6　继续钩织3针后如图。

7　从正面看如图。从正面看即是
变化的长针左上1针交叉。

78

准备材料

[编织线] DARUMA

作品 27 Soft Tam/ 本白（1）…180g；Mink Touch Fur/ 白色（1）… 85g（33.5m），Soft Lambs/ 烟蓝色（32）…10g

作品 28 Soft Tam/ 黑色（12）…200g；Mink Touch Fur/ 黑色（3）… 85g（33.5m），Soft Lambs/ 红色（35）…10g

[其他材料（共通）] 作品 27 子母扣（直径 12mm）…2 颗
作品 28 纽扣（直径 16mm）…2 颗

[针] 钩针 5/0 号、8/0 号、8mm 钩针

[标准织片（边长 10cm 的正方形）] 花样钩织 A 14 针、6 行，
花样钩织 B 13.5 针、6 行

[成品尺寸] 衣长 28cm、下摆围 105cm

钩织方法顺序（除特殊说明外，作品 27、28 的钩织方法相同）

1 钩织主体、兜帽：主体部分织入 140 针锁针进行起针，然后中途进行减针，用花样 A 钩织 14 行。从第 15 行开始用花样 B 钩织兜帽，织 15 行。终点处用卷缝的方法拼合（参照 p95）。

2 钩织花边 A、B：在右前端的下侧接线，依次在右前端、兜帽脸部周围、左前端钩织花边 A。从起针和前端挑针，在下摆处钩织花边 B。

3 钩织各部分：钩织作品 27 花朵和装饰纽扣各 2 块，以及尾巴、蝴蝶结丝带；钩织作品 28 耳朵和绳带饰物各 2 块，以及尾巴、蝴蝶结丝带和绳带。

4 完成：作品 27 的蝴蝶结拼接好后缝到后面。耳朵对折，缝到兜帽上。缝上装饰纽扣和子母扣，完成。作品 28 的蝴蝶结拼接好后缝到后面。耳朵对折，缝到兜帽上。绳带穿入第 14 行，绳带饰物缝到绳带顶端。最后缝上纽扣，完成。

作品 27、28 主体、兜帽的配色和钩针的号数

	主体、兜帽、花边A	花边B
作品27	Soft Tam 本白（1）	Mink Touch Fur白色（1）
	8/0号	8mm
作品28	Soft Tam 黑色（12）	Mink Touch Fur黑色（3）
	8/0号	8mm

作品27=尾巴、耳朵、蝴蝶结丝带、纽扣
作品28=尾巴、耳朵、蝴蝶结丝带、绳带、绳带顶端的饰物 } 钩织方法参照p81

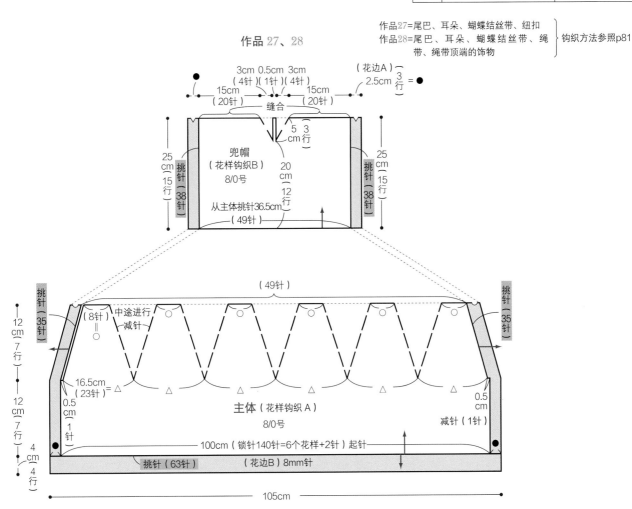

作品 27、28

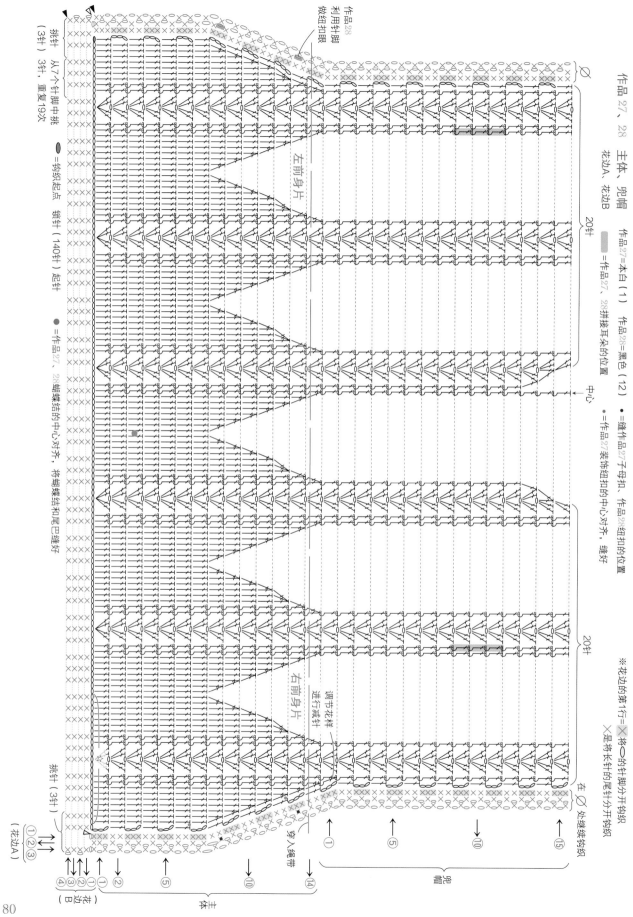

作品27、28　主体、兜帽　作品27=本白(1)　●=缝作品27子母扣、

花边A、花边B　作品28=黑色(12)　作品28纽扣的位置

作品27、28拼接耳朵的位置

=作品27、28拼接耳朵的位置　=作品27装饰纽扣的中心对齐、缝好

左前身片

右前身片

调节花样进行减针

穿入绳带

20针

20针

中心

利用针脚做纽扣眼

作品28利用针脚做纽扣眼

挑针(3针)3针、重复19次

从7个针脚中挑

挑针(3针)起针

锁针(140针)起针

=钩织起点

=作品27、28蝴蝶结的中心对齐，将蝴蝶结和尾巴缝好

挑针(3针)

※花边的第1行=将○的针脚分开钩织

X是将长针的尾针分开钩织

在◎处继续钩织

①⑤⑩⑮

①②③④⑤⑩⑭

(花边B)(花边A)

兜帽　主体

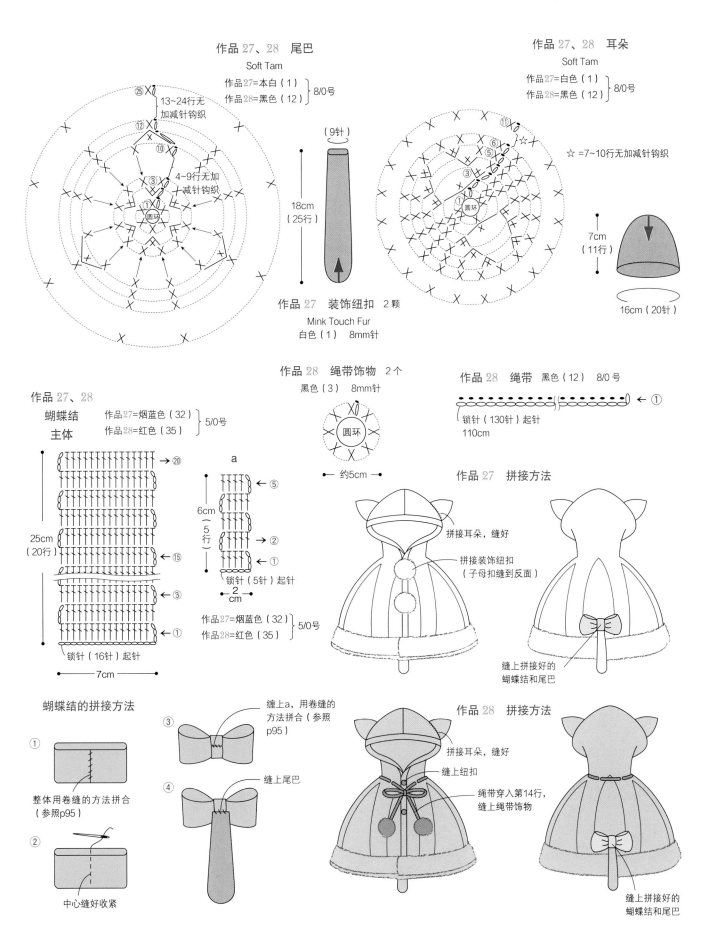

作品 27、28　尾巴
Soft Tam
作品27=本白（1）
作品28=黑色（12）｝8/0号

②⑤✕
13~24行无加减针钩织
⑫✕
⑩
③
④~9行无加减针钩织
①
圆环

（9针）
18cm
（25行）

作品 27　装饰纽扣　2颗
Mink Touch Fur
白色（1）　8mm针

作品 27、28　耳朵
Soft Tam
作品27=白色（1）
作品28=黑色（12）｝8/0号

⑪✕
☆ =7~10行无加减针钩织
⑥
⑤
③
圆环

7cm
（11行）

16cm（20针）

作品 27、28
蝴蝶结
主体
作品27=烟蓝色（32）
作品28=红色（35）｝5/0号

→⑳
a
←⑤
6cm
（5行）
→②
25cm
（20行）
←①
⑮
锁针（5针）起针
2cm
③
作品27=烟蓝色（32）
作品28=红色（35）｝5/0号
①
锁针（16针）起针
7cm

作品 28　绳带饰物　2个
黑色（3）　8mm针

✕
圆环

←约5cm→

作品 28　绳带　黑色（12）　8/0 号
锁针（130针）起针
110cm
←①

作品 27　拼接方法

拼接耳朵，缝好
拼接装饰纽扣
（子母扣缝到反面）

缝上拼接好的
蝴蝶结和尾巴

蝴蝶结的拼接方法
①
整体用卷缝的方法拼合
（参照p95）
②
中心缝好收紧

③
缠上a，用卷缝的
方法拼合（参照
p95）
④
缝上尾巴

作品 28　拼接方法
拼接耳朵，缝好
缝上纽扣
绳带穿入第14行，
缝上绳带饰物

缝上拼接好的
蝴蝶结和尾巴

准备材料

[线] Diamond 毛线
作品 29 Diaepoca/ 粉色（321）…115g、白色（301）…80g
作品 30 Diaepoca/ 芥末色（305）…115g、白色（301）…80g
[针] 钩针 6/0 号
[标准织片（边长 10cm 的正方形）] 花样钩织 A 18 针、9 行
[成品尺寸] 长 84.5cm、宽 12cm，兜帽长 24cm

钩织方法（作品 29、30 的钩织方法相同）
1 **钩织主体：** 钩织 152 针的锁针起针，接着用花样 A 钩织 5 行、花样 B 钩织 6 行，从起针的反方向挑针，织 6 行花样 B。可参考 p40 线圈的钩织方法钩织花样 B。
2 **主体钩织成环形：** 两端正面相对合拢，作品 29 用粉色、作品 30 用芥末色将花样 A 钩织的行间用引拔针接缝的方法处理，花样 B 钩织的行间用白色线和 2 针锁针、1 针引拔针的锁针接缝的方法处理（参照 p95）。
3 **钩织兜帽：** 主体的缝合线置于后面中心，挑 54 针后钩织花样 A，后面中心的褶皱处用 3 针锁针和 1 针引拔针的锁针接缝（参照 p95），编织终点处的 23 针用引拔针接缝的方法折入内侧缝合。缝合后，在兜帽的边缘钩织花样 B，可参考 p40 线圈的钩织方法进行钩织。
4 **完成：** 兜帽顶端（▲）和主体（△）缝合。钩织耳朵，缝到兜帽上，注意整体对称。

作品 29、30
主体

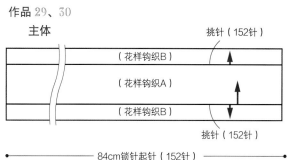

作品 29、30 耳朵

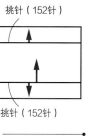

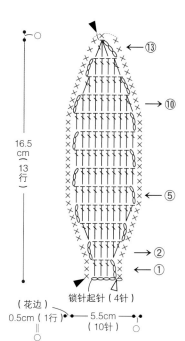

作品29、30 **主体的配色**

	花样钩织A	花样钩织B
作品29	粉色	白色
作品30	芥末色	白色

作品 29、30 **耳朵的配色**

	内耳	外耳	花边
作品29	白色	粉色	粉色
作品30	白色	芥末色	芥末色

作品 29、30
兜帽

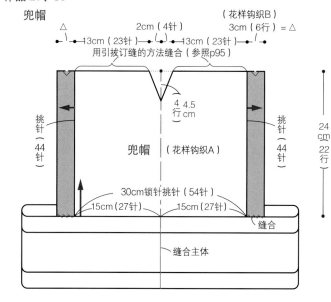

作品 29、30

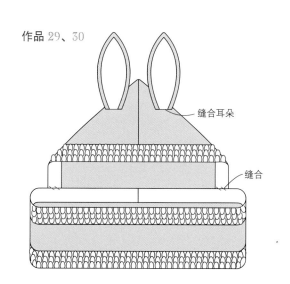

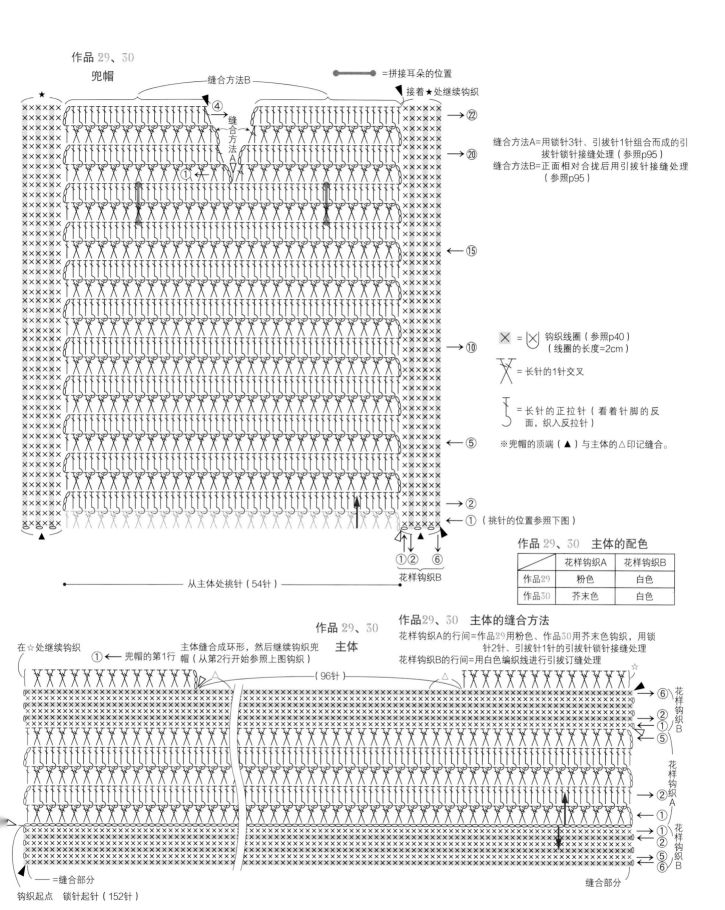

作品 29、30

兜帽

缝合方法B

●━━●=拼接耳朵的位置

▲ 接着★处继续钩织

缝合方法A=用锁针3针、引拔针1针组合而成的引
　　　　拔针锁针接缝处理（参照p95）
缝合方法B=正面相对合拢后用引拔针接缝处理
　　　　　（参照p95）

$\boxed{\times}$ = 钩织线圈（参照p40）
　　　（线圈的长度=2cm）

⤬ = 长针的1针交叉

　 = 长针的正拉针（看着针脚的反
　　　面，织入反拉针）

※兜帽的顶端（▲）与主体的△印记缝合。

从主体处挑针（54针）

①（挑针的位置参照下图）

①②　⑥
花样钩织B

作品 29、30　主体的配色

	花样钩织A	花样钩织B
作品29	粉色	白色
作品30	芥末色	白色

作品29、30　主体的缝合方法

花样钩织A的行间=作品29用粉色、作品30用芥末色钩织，用锁
　　　　　　　　针2针、引拔针1针的引拔针锁针接缝处理
花样钩织B的行间=用白色编织线进行引拔订缝处理

在☆处继续钩织

①←兜帽的第1行

主体缝合成环形，然后继续钩织兜
帽（从第2行开始参照上图钩织）

作品 29、30　主体

（96针）

花样钩织B
花样钩织A
花样钩织B

▲ ━━ =缝合部分

缝合部分

钩织起点　锁针起针（152针）

准备材料

[线]作品 31 为 Puppy Mini Sport/ 奶油色（700）…106g；Princess Anny/ 茶色（529）…13g、本白（547）…8g、米褐色（521）…7g

作品 32 为 Diamond 毛线　Dia Tasmanian Merino/ 本白（702）…50g，黑灰色（729）…13g

[其他材料]作品 31 填充棉…少许，作品 32 纽扣（直径 8mm）…4 颗

[针]作品 31 钩针 5/0 号、6/0 号、10/0 号

作品 32 线绳…7/0 号、其他…6/0 号

[标准织片（边长 10cm 的正方形）]作品 31 花样钩织 9.2 针、24 行

作品 32 短针的条针 22 针、22 行

[成品尺寸]作品 31 头围 52cm、深 16.5cm

作品 32 宽 8.5cm、长 16cm

钩织方法（作品 31）

1　钩织主体：先用线头制作圆环起针，用加针的方法钩织至第 15 行，第 16 ~ 40 行无加减针钩织。

2　钩织各部分：耳朵和犄角各钩织 2 块，犄角中塞入填充棉。

3　完成：将耳朵和犄角缝到主体锁针 2 针的线圈中。

钩织方法（作品 32）

1　钩织主体：织入 38 针锁针起针，在第 1 针中引拔钩织形成圆环。接着花边处，在手掌侧继续钩织大拇指的穿入口，左右手变换不同的位置（参照 p42）。

2　钩织大拇指：从大拇指的穿入口挑 16 针，再用短针的条针钩织 10 行。线头穿入最终行的针脚中，收紧（参照 p42）。

3　钩织各部分、钩织花边：钩织 4 块耳朵，用两股线钩织 1 根线绳。在手背侧钩织荷叶边。

4　完成：主体的最终行用整针卷缝的方法缝合（参照 p95），线绳缝到外侧的侧边线处。

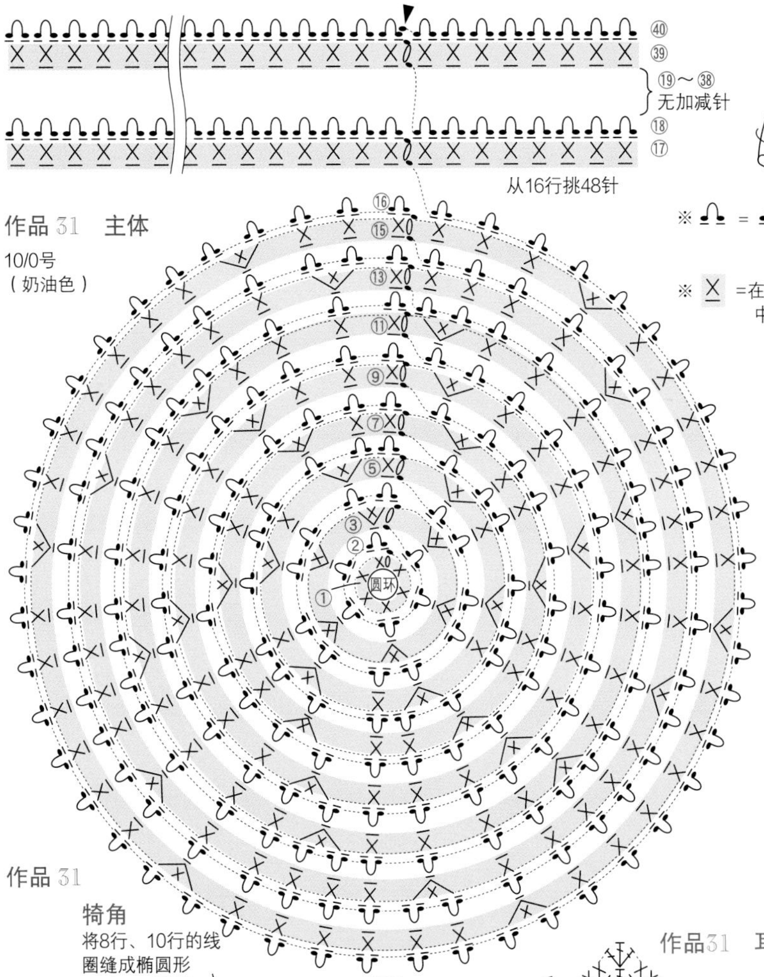

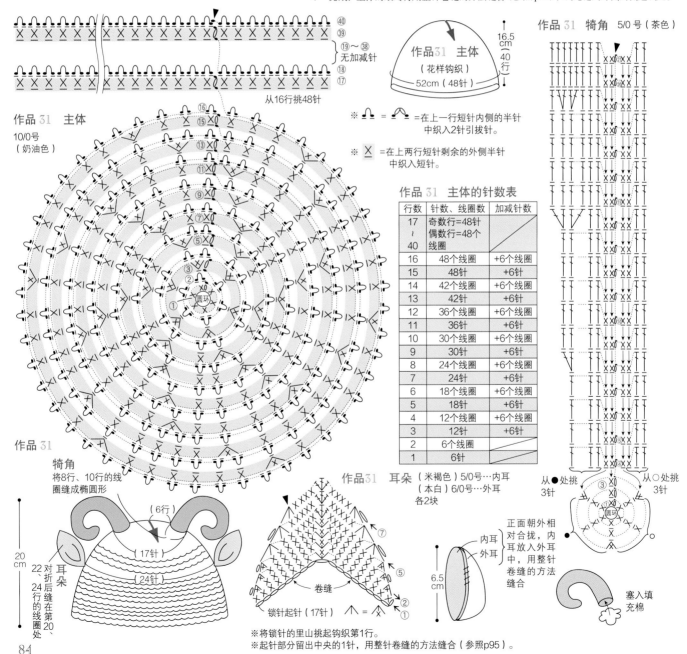

40
39
⑲～㊳ 无加减针
18
17
从16行挑48针
作品 31　主体
10/0号
（奶油色）
圆环

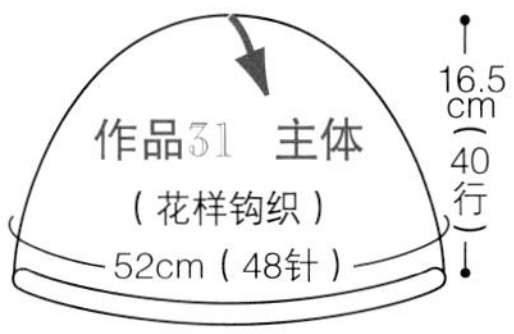

作品31　主体
（花样钩织）
52cm（48针）
16.5cm
40行

※ = 在上一行短针内侧的半针中织入2针引拔针。

※ X = 在上两行短针剩余的外侧半针中织入短针。

作品 31　主体的针数表

行数	针数、线圈数	加减针数
17 ~ 40	奇数行=48针 偶数行=48个线圈	
16	48个线圈	+6个线圈
15	48针	+6针
14	42个线圈	+6个线圈
13	42针	+6针
12	36个线圈	+6个线圈
11	36针	+6针
10	30个线圈	+6个线圈
9	30针	+6针
8	24个线圈	+6个线圈
7	24针	+6针
6	18个线圈	+6个线圈
5	18针	+6针
4	12个线圈	+6个线圈
3	12针	+6针
2	6个线圈	
1	6针	

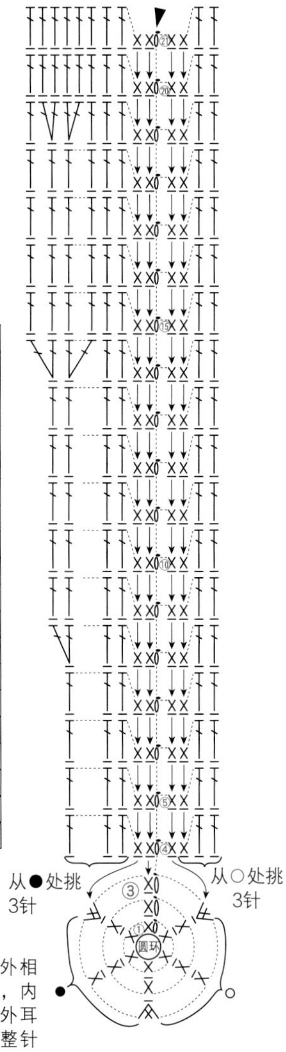

作品 31　犄角　5/0号（茶色）
从●处挑3针
从○处挑3针
圆环

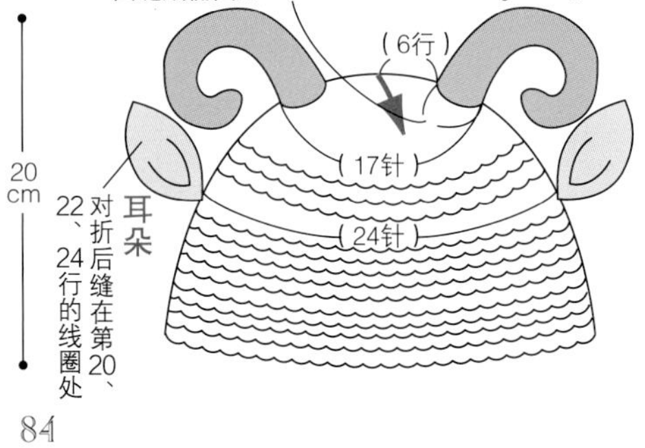

作品 31
犄角
将8行、10行的线圈缝成椭圆形
（6行）
（17针）
（24针）
20cm
耳朵
22、24行的线圈处
对折后缝在第20、

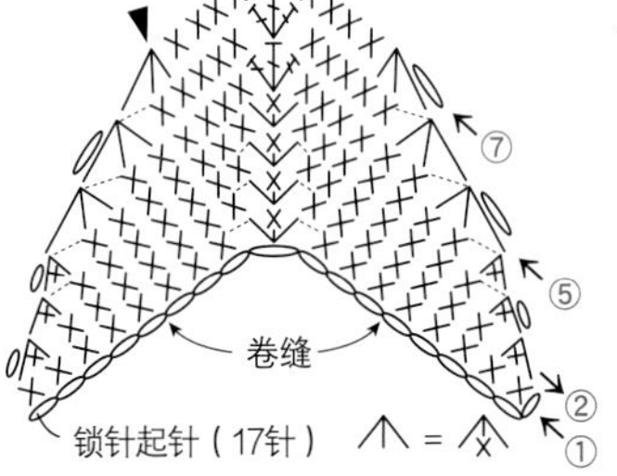

作品31　耳朵（米褐色）5/0号…内耳
（本白）6/0号…外耳
各2块
卷缝
锁针起针（17针）

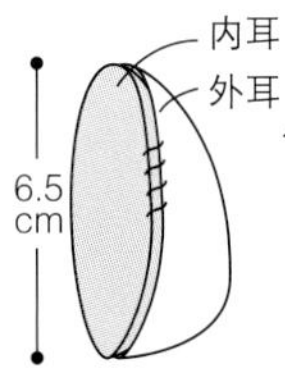

内耳
外耳
6.5cm

正面朝外相对合拢，内耳放入外耳中，用整针卷缝的方法缝合

塞入填充棉

※将锁针的里山挑起钩织第1行。

※起针部分留出中央的1针，用整针卷缝的方法缝合（参照p95）。

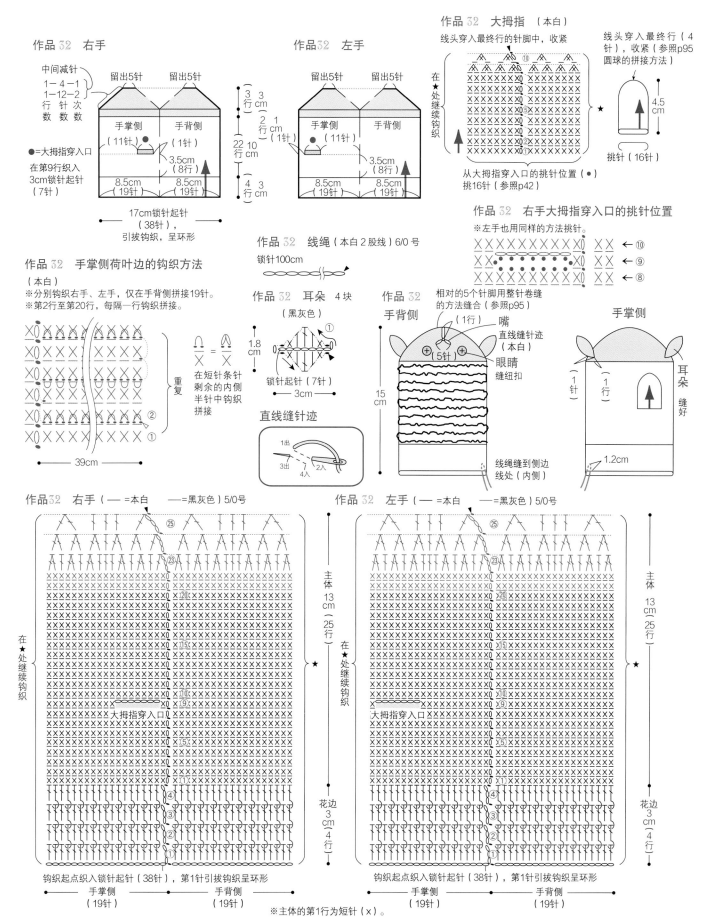

作品 32　右手

中间减针
1－4－1
1－12－2
行　针　次
数　数　数

●＝大拇指穿入口
在第9行织入
3cm锁针起针
（7针）

留出5针　　留出5针

手掌侧　　手背侧
（11针）　（1针）

3.5cm
（8行）

8.5cm　　8.5cm
（19针）　（19针）

17cm锁针起针
（38针），
引拔钩织，呈环形

3行 3cm
2行 1cm
（1针）
22行 10cm
4行 3cm

作品32　左手

留出5针　　留出5针

手掌侧　　手背侧
（1针）　（11针）

3.5cm
（8行）

8.5cm　　8.5cm
（19针）　（19针）

在★处继续钩织

作品 32　手掌侧荷叶边的钩织方法
（本白）
※分别钩织右手、左手，仅在手背侧拼接19针。
※第2行至第20行，每隔一行钩织拼接。

重复

$\frac{\cap\cap}{X} = \frac{\cap\cap}{X}$
在短针条针
剩余的内侧
半针中钩织
拼接

39cm

作品 32　线绳（本白2股线）6/0 号
锁针100cm

作品 32　耳朵　4块
（黑灰色）
1.8cm
锁针起针（7针）
3cm

直线缝针迹
1出
3出
4入 2入

作品 32　大拇指　（本白）
线头穿入最终行的针脚中，收紧

线头穿入最终行（4针），收紧（参照p95圆球的拼接方法）

4.5cm

挑针（16针）

在★处继续钩织

从大拇指穿入口的挑针位置（●）
挑16针（参照p42）

作品 32　右手大拇指穿入口的挑针位置
※左手也用同样的方法挑针。
←⑩
←⑨
←⑧

作品 32
手背侧

相对的5个针脚用整针卷缝的方法缝合（参照p95）
（1行）
嘴
直线缝针迹（本白）
（5针）
眼睛
缝纽扣

15cm

线绳缝到侧边线处（内侧）

手掌侧
（1针）
（1行）
耳朵
缝好
1.2cm

作品 32　右手（ — ＝本白　 —＝黑灰色）5/0号

在★处继续钩织

大拇指穿入口

主体13cm（25行）

花边3cm（4行）

钩织起点织入锁针起针（38针），第1针引拔钩织呈环形
手掌侧（19针）　手背侧（19针）

作品 32　左手（ — ＝本白　 —＝黑灰色）5/0号

在★处继续钩织

大拇指穿入口

主体13cm（25行）

花边3cm（4行）

钩织起点织入锁针起针（38针），第1针引拔钩织呈环形
手掌侧（19针）　手背侧（19针）

※主体的第1行为短针（x）。

准备材料

[线] 和麻纳卡
作品 33 Amerry/ 灰色（22）…51g、米褐色（21）…12g
作品 34 Amerry/ 芥末黄（3）…25g、茶色（9）…19g
[针] 作品 33、34 钩针 6/0 号、7/0 号
[标准织片（边长为10cm的正方形）] 作品 33、34 18 针
长针、10 行（6/0 号）
[成品尺寸] 头围46cm、深15.5cm

钩织方法（除特殊说明外，作品 33、34 的钩织方法相同）
1 **钩织主体**：圆环起针，用长针钩织加针的同时继续钩织 13 行（6/0 号）。接着用
短针钩织 5 行（7/0 号）。
2 **钩织耳朵**：作品 33 的内耳织入锁针 5 针起针，钩织 19 行。外耳则是织入 7 针锁针，
钩织 19 行。内耳正面朝外，外耳正面朝内相对合拢，两块重叠，将内耳侧置于内侧，
两块一起挑针，用灰色线织入 1 行花边，缝合两块织片。以此方法制作两只耳朵。作
品 34 先钩织锁针 7 针锁针，然后织入 7 行。如此钩织 4 块，外耳正面相对、内侧正
面朝外相对，2 块重叠，内耳侧置于内侧，两块一起挑起，钩织 1 行花边、2 块缝合。
以此方法制作两只耳朵。
3 **完成**：耳朵的♥侧缝到主体的指定位置。

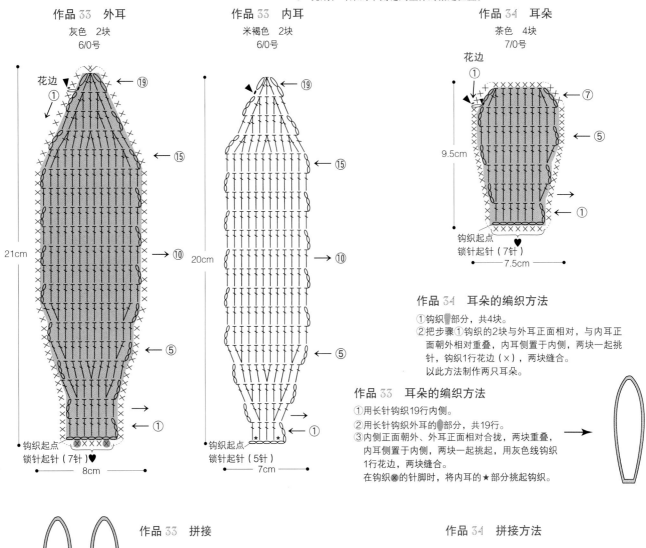

作品 33 外耳
灰色 2块
6/0号

作品 33 内耳
米褐色 2块
6/0号

作品 34 耳朵
茶色 4块
7/0号

花边

21cm

花边 ▲
①

←⑲

←⑮

→⑩

←⑤

←①

钩织起点
锁针起针（7针）♥
8cm

20cm

▲
①

←⑲

←⑮

→⑩

←⑤

←①

钩织起点
锁针起针（5针）
7cm

9.5cm

花边
①
▲

←⑦

←⑤

←①

钩织起点
锁针起针（7针）
7.5cm

作品 34 耳朵的编织方法
①钩织▨部分，共4块。
②把步骤①钩织的2块与外耳正面相对，与内耳正
　面朝外相对重叠，内耳侧置于内侧，两块一起挑
　针，钩织1行花边（×），两块缝合。
　以此方法制作两只耳朵。

作品 33 耳朵的编织方法
①用长针钩织19行内侧。
②用长针钩织外耳的▨部分，共19行。
③内侧正面朝外、外耳正面相对合拢，两块重叠，
　内耳侧置于内侧，两块一起挑起，用灰色线钩织
　1行花边，两块缝合。
　在钩织⊗的针脚时，将内耳的★部分挑起钩织。

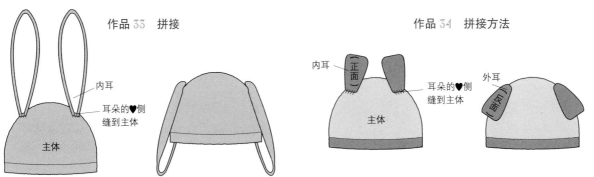

作品 33 拼接

内耳

耳朵的♥侧
缝到主体

主体

作品 34 拼接方法

内耳 正面

耳朵的♥侧
缝到主体

外耳 反面

主体

作品 33、34　主体

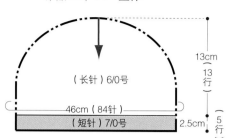

（长针）6/0号

13cm
（13行）

46cm（84针）

（短针）7/0号

2.5cm
（5行）

作品 33、34　主体配色表

行数	33	34	号数
第1~13行	灰色	芥末黄	6/0号
第14~18行		茶色	7/0号

作品 33、34　主体针数表

行数	针数	加针
14~18	84	
9~13	84	
8	84	+ 12
7	72	
6	72	+ 12
5	60	+ 12
4	48	+ 12
3	36	+ 12
2	24	+ 12
1	12	

短针 = 14~18, 9~13
长针 = 8~1

作品 33、34　主体
※ 配色·钩针的号数参照主体配色表

后侧

（）=拼接作品33耳朵的位置

()=拼接作品34耳朵的位置

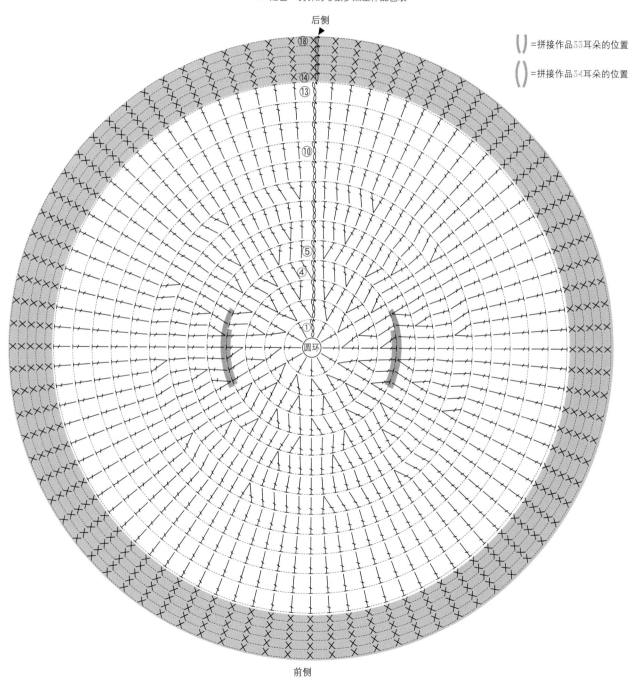

前侧

准备材料

[线] Puppy

作品 35 Princess Anny/ 茶色（529）…200g，焦茶色（561）…15g，浅灰色（546）…5g

作品 36 Princess Anny/ 本白（547）…155g，黑色（520）…40g

[其他材料（共通）] 纽扣（直径 20mm）…各 1 颗

[针] 钩针 5/0 号

[标准织片（边长 10cm 的正方形）] 长针及花样钩织 21 针、10 行

[成品尺寸] 兜帽长 24.5cm、下摆围 99cm

钩织方法（除特殊说明外，作品 35、36 的钩织方法相同）

1　钩织主体：织入锁针 202 针起针，然后按照编织图，用花样钩织的方法进行减针，同时织入 23 行。中央进行加减针的同时，用长针钩织兜帽。终点处与终点处用卷针订缝（参照 p95）。

2　钩织花边：下摆、前襟、兜帽顶端织入短针棱针的花边。

3　钩织各部分：分别钩织作品 35、36 的耳朵。

4　完成：参照拼接图，将耳朵、纽扣缝到主体上，作品 35 缝上鬃毛。

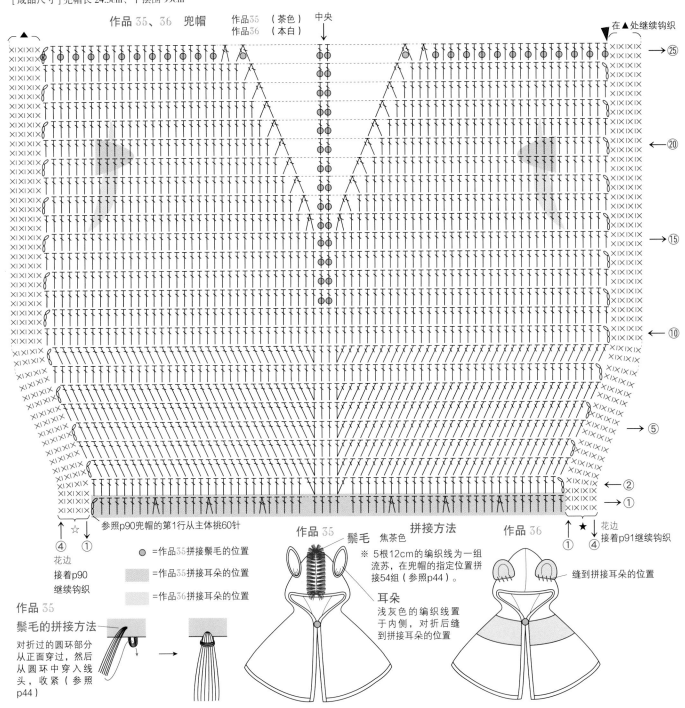

作品 35、36　兜帽　　作品 35（茶色）　中央　　在 ▲ 处继续钩织
　　　　　　　　　　　作品 36（本白）

→㉕
←⑳
←⑮
←⑩
→⑤
←②
→①

参照 p90 兜帽的第 1 行从主体挑 60 针

④　①
花边
接着 p90
继续钩织

● =作品 35 拼接鬃毛的位置
　 =作品 35 拼接耳朵的位置
　 =作品 36 拼接耳朵的位置

①　④
花边
接着 p91 继续钩织

作品 35

鬃毛的拼接方法

对折过的圆环部分从正面穿过，然后从圆环中穿入线头，收紧（参照 p44）

作品 35　鬃毛　焦茶色　拼接方法　作品 36

※ 5 根 12cm 的编织线为一组流苏，在兜帽的指定位置拼接 54 组（参照 p44）。

耳朵
浅灰色的编织线置于内侧，对折后缝到拼接耳朵的位置

缝到拼接耳朵的位置

作品 35、36

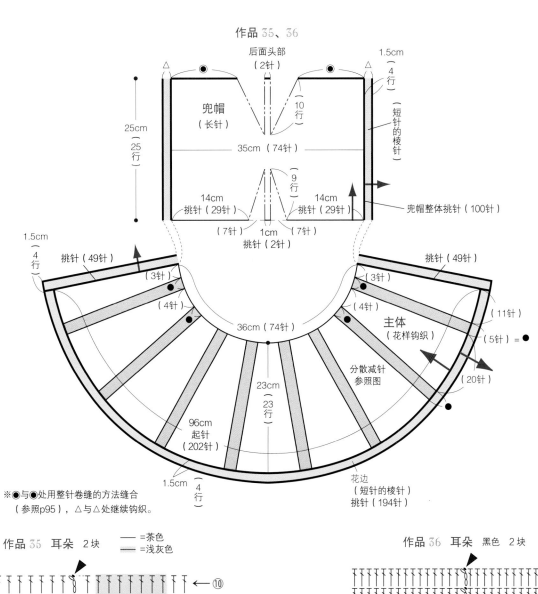

后面头部
（2针）

1.5cm
（4行）

△

●

●

△

兜帽
（长针）

短针的棱针

25cm
（25行）

35cm（74针）

（10行）

兜帽整体挑针（100针）

14cm
挑针（29针）

（9行）

14cm
挑针（29针）

（7针）

1cm

（7针）

挑针（2针）

1.5cm
（4行）

挑针（49针）

（3针）

（4针）

挑针（49针）

（3针）

（4针）

主体
（花样钩织）

（11针）

（5针）＝●

36cm（74针）

分散减针
参照图

（20针）

23cm
（23行）

96cm
起针
（202针）

1.5cm
（4行）

花边
（短针的棱针）
挑针（194针）

※●与●处用整针卷缝的方法缝合
（参照p95），△与△处继续钩织。

作品 35 耳朵 2块   ——＝茶色   ▨＝浅灰色

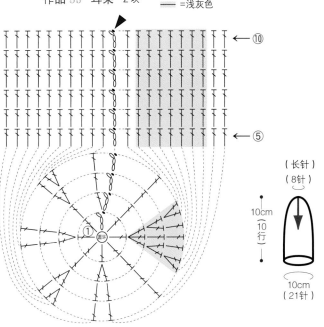

⑩

⑤

①圆环

（长针）
（8针）

10cm
（10行）

10cm
（21针）

※嵌入花样的钩织方法参照p40。

作品 36 耳朵 黑色 2块

⑥

⑤

④

③

①圆环

（长针）黑色
（15针）

6cm
（6行）

14.5cm
（30针）

作品 36 针数表

行数	针数	加针数
3～6	30	
2	30	＋15
1	15	

作品 35、36

主体

作品 35　配色
——·——·—— = 茶色

作品 36　配色
——·—— = 本白
—— = 黑色

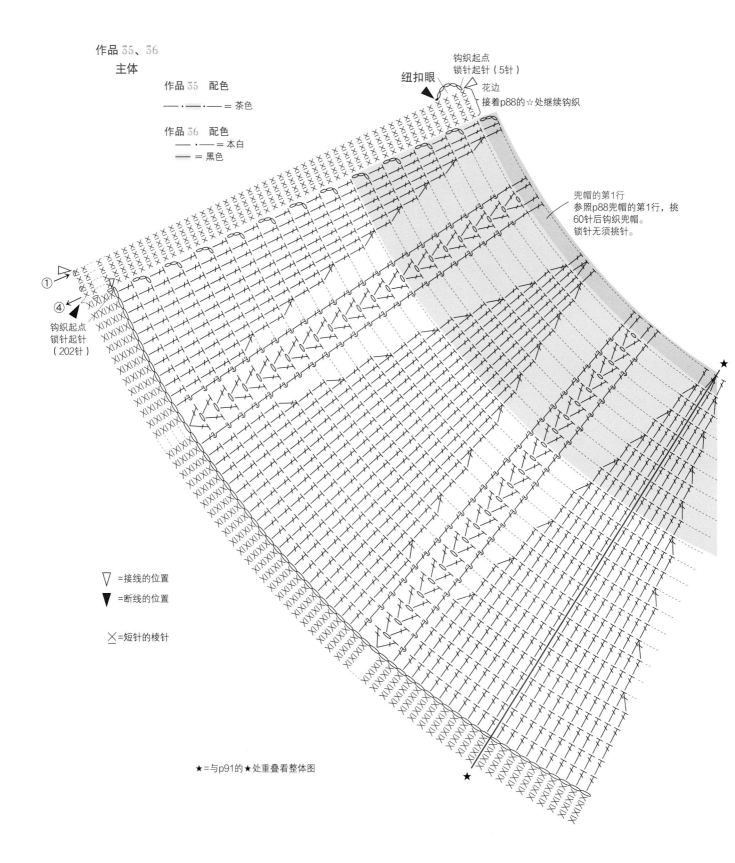

纽扣眼

钩织起点
锁针起针（5针）
花边
接着p88的☆处继续钩织

兜帽的第1行
参照p88兜帽的第1行，挑
60针后钩织兜帽。
锁针无须挑针。

钩织起点
锁针起针
（202针）

▽=接线的位置

▼=断线的位置

✕=短针的棱针

★=与p91的★处重叠看整体图

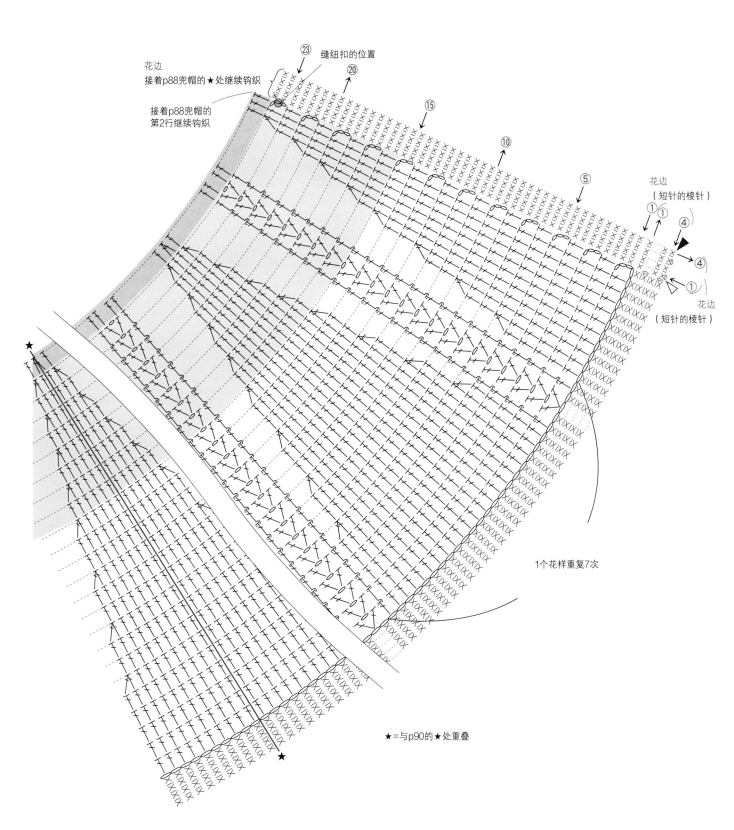

花边
接着p88兜帽的★处继续钩织

接着p88兜帽的
第2行继续钩织

㉓

缝纽扣的位置

⑳

⑮

⑩

⑤

花边
（短针的棱针）

①①

④

④

①

花边
（短针的棱针）

1个花样重复7次

★＝与p90的★处重叠

符号图的看法　根据日本工业规格（JIS），所有的符号表示的都是编织物表面的状况。钩针编织没有正面和反面的区别（拉针除外）。交替看正反面进行平针编织时也用相同的符号表示。

从中心开始

环形编织

在中心处做环（或者锁针针脚），像画圆一样逐行钩织。每行以起立针开始织。通常情况下是正面向上，看着记号图由右向左织。

▼=断线

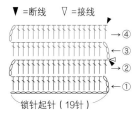

▼=断线　▽=接线

锁针起针（19针）

织平针时

特点是左右两边都有起立针，右侧织好起立针将正面向上，看着记号图由右向左织。左侧织好起立针背面向上，看着记号图由左向右织。

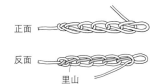

正面

反面

里山

锁针的看法

锁针有正反之分。反面中央的一根线成为锁针的"里山"。

线和针的拿法

1　将线从左手的小指和无名指间穿过，绕过食指，线头拉到内侧。

2　用拇指和中指捏住线头，食指挑起，将线拉紧。

3　用拇指和食指握住针，中指轻放到针头。

起针的方法

1　针从线的外侧插入，调转针头。

2　然后在针尖挂线。

3　钩针从圆环中穿过，再在内侧引拔穿出线圈。

4　拉动线头，收紧针脚，最初的针脚完成（这针并不算做第1针）。

起针

从中心开始钩织圆环时（用线头制作圆环）

1　将线在左手食指上绕两圈，使之成环状。

2　从手指上脱下已缠好的线圈，将针穿过线圈，把线钩到前面。

拉出的针脚

3　在针上挂线，将线拉出，钩织起立针的锁针。

4　织第1行，在线圈中心入针，织需要的针数。

5　将针抽出，将最开始的线圈的线和线头抽出，收紧线圈。

6　在第1行结束时，在最开始的短针开头入针，将线拉出。

从中心开始钩织圆环时（用锁针做圆环）

1　织入必要数目锁针，然后把钩针插入最初锁针的半针中引拔钩织。

2　针尖挂线后引拔抽出线，钩织立起的锁针。

3　钩织第1行时，将钩针插入圆环中心，然后将锁针成束挑起，再织入必要数目的短针。

4　第1行末尾时，钩针插入最初短针的头中，挂线后引拔钩织。

平针钩织时

1针立起的锁针

1　织入必要数目的锁针和立起的锁针，在从头数的第2针锁针中插入钩针。

2　针尖挂线后再引拔抽出线。

3　第1行钩织完成后如图。（立起的1针锁针不算作1针。）

●将上一行针脚挑起的方法

在同一针脚中钩织

1　　2

将锁针成束挑起后钩织

1　　2

即便是同样的枣形针，根据不同的记号图，挑针的方法也不相同。记号图的下方封闭时表示在上一行的同一针中钩织，记号图的下方开合时表示将上一行的锁针成束挑起钩织。

●针法符号

◯ 锁针

1　　2　　3　　4

1
织起针，按箭头方向移动钩针。

2
针上挂线拉出线圈。

3
重复步骤1、步骤2动作。

4
5针锁针完成。

● 引拔针

1　　2　　3　　4

1
在前一行插入钩针。

2
针上挂线。

3
把线一次性引拔穿过。

4
1针引拔针完成。

✕ 短针

1　　2　　3　　4

1
在前一行插入钩针。

2
针上挂线，将线拉到前面。

3
针上挂线，一次性引拔穿过2个线圈。

4
1针短针完成。

┰ 中长针

1　　2　　3　　4

1
针上挂线后，把针插入前一行。

2
再在针上挂线，把线圈抽出。

3
针上挂线，一次性引拔穿过3个线圈。

4
1针中长针完成。

┰ 长针

1　　2　　3　　4

1
针上挂线后把针插入前一行，再在针上挂线，把线圈抽出。

2
按箭头所指方向，针上挂线后引拔穿过2个线圈。

3
再次针上挂线，引拔穿过剩下的2个线圈。

4
1针长针完成。

┰ 长长针

1　　2　　3　　4

1
线在针尖缠2圈（3圈）后，钩针插入上一行的针脚中，然后在针尖挂线，从内侧引拔穿过线圈。

2
按照箭头所示方向，引拔穿过2个线圈。

3
按照步骤2的方法重复2次。

4
完成1针长长针。

⊻ 短针1针分2针

1
钩织1针短针。

2
钩针插入同一针脚中，引拔穿过线圈。

3
钩织完2针短针后如图。再在同一针脚中织入1针短针。

4
在上一行的1个针脚中织入了3针短针（呈增加2针的状态）。

⊽ 短针1针分3针

（见上图第2、3、4栏）

⋏ 短针2针并1针

1
按照箭头所示，将钩针插入上一行的1个针脚中，引拔穿过线圈。

2
下一针也按同样的方法引拔穿过线圈。

3
针尖挂线，引拔穿过3个线圈。

4
短针2针并1针完成，呈比上一行少1针的状态。

⋎ 长针1针分2针

※除2针和长针以外的情况，按同样的要领在上一行的指定记号处钩入相应针数。

1
织1针长针，同一针处再织1针长针。

2
针上挂线，引拔穿过2个线圈。

3
再在针上挂线，引拔穿过剩下的2个线圈。

4
图中1针处织了2针长针。比前一行增加1针。

⋏ 长针2针并1针

※除2针以外的情况，按同样的要领钩织未完成的长针。在针上挂线，引拔穿过线圈。

1
在上一行1针处织1针未完成的长针（参照p93），1针按箭头所示，将钩针插入下一针脚中，抽出毛线。

2
针上挂线，一次性引拔穿过2个线圈，织第2针未完成长针。

3
针上挂线，一次性引拔穿过3个线圈。

4
长针2针并1针完成。比前一行减少1针。

长针3针的枣形针

※除3针和长针以外的枣形针记号图，均是按照同样的要领，在上一行的1个针脚中参照未完成的指定针法织入指定的针数，然后在针上挂线，一次性引拔穿过针上的线圈。

1
在上一行的线圈中，织1针未完成的长针。

2
在同一针脚处插入钩针，再织入2针未完成的长针。

3
针尖挂线，一次性引拔穿过4个线圈。

4
完成长针3针的枣形针。

变化的中长针3针枣形针

1
在上一行的针脚处插入钩针，织入3针未完成的中长针（参照p93）。

2
针上挂线，引拔穿过箭头指示的6个线圈。

3
再在针上挂线，引拔穿过剩下的2个线圈。

4
变化的中长针3针枣形针完成。

╳ 短针的棱针

※除短针以外，该记号在表示棱针时，是按照同样的要领将上一行的外侧半针挑起，按照指定的记号钩织。

1
如箭头所示，在上一行外侧半针处将钩针插入。

2
织短针，再按同样的方法将钩针插入下一针脚外侧的半针中。

3
织到顶端后，变换织片的方向。

4
与步骤1、2相同，在上一行外侧半针处将钩针插入，织短针。

╳ 短针的条纹针

※除短针以外，该记号在表示条纹针时，是按同样的要领将上一行的外侧半针挑起，按照指定的记号钩织。

1
每行正面向上编织。结束处引拔穿过起始针。

2
织起立针的1针锁针，挑起外侧的半针，织短针。

3
重复步骤2的要领，继续织短针。

4
上一行的里侧半针留下，呈条纹状。图为正在织短针的条纹针第3行。

长针的正拉针

※用往复钩织的方法看着织片反面，织入反拉针。

1 针尖挂线，按箭头所示从正面将钩针插入上一行长针的尾针中。

2 针尖挂线，拉长编织线。

3 再次在针尖挂线，引拔穿过两个线圈。同样的动作重复1次。

4 完成1针长针的正拉针。

长针的反拉针

※用往复钩织的方法看着织片反面，织入正拉针。

1 针尖挂线，按箭头所示从反面将钩针插入上一行长针的尾针中。

2 针尖挂线，拉长编织线。

3 再次在针尖挂线，引拔穿过两个线圈。同样的动作重复1次。

4 完成1针长针的反拉针。

长针的1针交叉　　长针的1针交叉（中心锁1针）

1 针上挂线，跳过1针后插入钩针，织入长针。

2 针上挂线，按照箭头所示，将钩针插入之前跳过的针脚中。

3 再在针上挂线，引拔抽出后织入长针，包住之前钩织的长针。

4 完成长针的1针交叉。

卷缝

（半针卷缝的方法）

1 织片的正面与正面相接对齐，在两织片的外侧针脚处穿入编织线。在起点处和终点处需要多缝2次。

2 逐一缝合每个针脚。

3 一直缝至另一端。

4 织片的正面与正面相接对齐，在两织片外侧的半针处穿入编织线进行卷缝。在起点处和终点处需要多缝2次。

引拔订缝

1 两块织片正面相对合拢（或者正面朝外相对合拢），钩针插入顶端的针脚中，引拔抽出线后在针上挂线，引拔抽出。

2 将钩针插入下一针脚中，针上挂线后引拔抽出。如此重复，一针一针进行引拔钩织，缝合。

3 终点处先在针上挂线，引拔抽出后剪断线即可。

引拔针的锁针接缝

1 两块织片正面相对合拢（或者正面朝外相对合拢），钩针插入顶端的针脚中，挂线后引拔抽出。然后在针上挂线，织入1针引拔针。

2 织入2针锁针，然后按照箭头所示，将下一针脚的头针（与第2行交界处的头针）挑起，织入1针引拔针。

3 重复"1针引拔针、2针锁针"，缝合的同时注意避免织片打结（※锁针的针数因花样而异，根据下一次引拔钩织的位置来决定钩织的长度）。

圆球的拼接方法

1 钩织终点处的线头留得稍微长一些，剪断后穿入缝衣针中，参照箭头指示，将最终行针脚外侧的半针逐一挑起。

2 拉动线头，收紧。剩余的线头从收紧后的小孔中穿过，藏到线球中，再剪断。

其他基础索引

TITLE: ［子供のアニマル帽子&冬こものベストセレクション］

BY: ［E&G CREATES CO., LTD.］

Copyright © E&G CREATES CO., LTD., 2018

Original Japanese language edition published by E&G CREATES CO., LTD.

All rights reserved. No part of this book may be reproduced in any form without the written permission of the publisher.

Chinese translation rights arranged with E&G CREATES CO., LTD.

Tokyo through NIPPAN IPS Co., Ltd.

本书由日本美创出版社授权北京书中缘图书有限公司出品并由河北科学技术出版社在中国范围内独家出版本书中文简体字版本。

著作权合同登记号：冀图登字 03-2020-104

图书在版编目（CIP）数据

儿童动物造型帽 / 日本美创出版编著 ; 何凝一译
. -- 石家庄 : 河北科学技术出版社 , 2020.9
    ISBN 978-7-5717-0511-4

    Ⅰ . ①儿… Ⅱ . ①日… ②何… Ⅲ . ①儿童—帽—编织—图集 Ⅳ . ① TS941.763.8-64

中国版本图书馆 CIP 数据核字 (2020) 第 165124 号

儿童动物造型帽

日本美创出版　编著　　何凝一　译

策划制作：北京书锦缘咨询有限公司（www.booklink.com.cn）
总 策 划：陈　庆
策　　划：姚　兰
责任编辑：刘建鑫
设计制作：柯秀翠

出版发行　河北科学技术出版社
地　　址　石家庄市友谊北大街 330 号（邮编：050061）
印　　刷　涞水建良印刷有限公司
经　　销　全国新华书店
成品尺寸　210mm×260mm
印　　张　6
字　　数　72 千字
版　　次　2020 年 9 月第 1 版
　　　　　　2020 年 9 月第 1 次印刷
定　　价　49.80 元